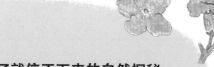

让孩子看了就停不下来的自然探秘

玩喷射的植物妈妈在干什么？

〔韩〕阳光和樵夫◎文　〔韩〕金荣璋◎绘　千太阳◎译

中国妇女出版社

植物独特的生活方式

神奇的授粉专家

植物们播撒种子的战略

动物搬运工

《玩喷射的植物妈妈
在干什么？》

繁殖后代（植物）

动物

哺乳动物的育儿经

鸟类宠爱幼崽的方式

水生动物如何照顾宝宝

小虫子对孩子的爱

《树袋熊为什么
给宝宝吃便便？》

抚育后代（动物）

注：本书在引进出版时，根据中国的动植物情况和相关文化，对
内容进行了一些增补、完善和修改，故在有些知识讲解中会
特意加上"中国"这一地域界定。

植物

共生关系（动物） —— 《蚂蚁为什么要和瓢虫打架？》
- 从朋友那里获得食物
- 毫不吝啬的朋友
- 一辈子不分离的朋友

自我保护（动物） —— 《想闻闻臭鼬巨臭的屁吗？》
- 动物世界的能手
- 防御高手
- 伪装高手
- 变色"魔术师"

繁殖后代（动物） —— 《什么，小海马是爸爸生的？》
- 哺乳动物的繁殖
- 鸟儿们的繁殖
- 爬行动物和两栖动物的繁殖
- 鱼类的繁殖
- 昆虫的繁殖

植物的生存大考验

在我们周围，生活着许许多多的植物，它们利用阳光制造出了养分，养活了世界上几乎所有的生物，还给大气和水提供氧气，使其他生物能够呼吸。不止这些，植物还给我们带来了清新的空气，坐在凉爽的绿荫下，连呼吸都变得畅快。

植物看上去不能行动，不能说话，不能思考，其实它们也有聪明的头脑，也会为了生存，想出各种办法保护自己。

荨麻长在草丛中，很难被人发现。它为了不让一些食草动物吃自己的叶子，就用细毛来武装自己。生活在热带地区的含羞草为了躲避食草动物，还会装死呢！

共生和寄生不仅仅存在于动物的世界，植物界也有。豆科植物为了吸取生长所需的氮肥，会与细菌共生；野菰（gū）不能自己汲取水和养分，就寄生在紫芒上。

生物生存的最大目的是传宗接代。植物是靠种子繁殖下一代的，它们为此会想出各种各样的妙招。生活在欧洲的角蜂眉兰会模仿雌蜂，巨大的亚马孙王莲还可以把甲虫关在自己的花叶里。

我们以为植物的世界是安静、平和的，但是居然也会发生这样的事情，就像一幕幕电影一样，很惊讶吧？这本书讲述了很多这样的植物故事，精彩纷呈，绝对令你目瞪口呆，赶快翻开这本书看一看吧！

阳光和樵夫

目　录

1

植物独特的生活方式

2

神奇的授粉专家

3 植物们播撒种子的战略

4 动物搬运工

1

植物独特的生活方式

制造假卵的西番莲

上当受骗的纯蛱蝶

在墨西哥**郁郁葱葱**的森林里，有一种斑马纹蝶飞舞在草丛之中。斑马纹蝶是纯蛱蝶的一种，它这是在寻找产卵的地方呢！

不久，斑马纹蝶就发现了一棵**藤本植物**，它的花长得像一座漂亮的时钟。斑马纹蝶轻轻地落在叶子上，并没有开始产卵，发生了什么事情呢？走近一看，原来叶子上已经有其他斑马纹蝶产的卵了。

斑马纹蝶不会在有其他斑马纹蝶卵的地方产卵。它放弃了好不容易找到的叶子，飞去寻找其他叶子。

·西番莲又被称作"时钟花"

因为西番莲的花长得像个时钟，所以又被形象地称为"时钟花"。西番莲在不同地方会以不同的名称出现，如果只听名字，真的难以判断是同种花呢！

3

但是你知道吗？斑马纹蝶看到的那些卵，就算再过千百年也不会孵出斑马纹蝶的幼虫。因为**那些卵是藤本植物为了赶走斑马纹蝶制造出来的假卵。**

这种藤本植物居然能制造出这么逼真的假卵，把斑马纹蝶都给骗过了。它是谁呢？这个伟大的"**艺术家**"就是西番莲。

西番莲

真想生活在没有纯蛱蝶的世界里

西番莲是利用藤抓着其他物体生长的植物。西番莲原本生活在南美洲，但由于花的样子很像时钟，所以非常

•西番莲全身都是宝

西番莲不仅有漂亮奇特的花朵，可以装点我们的生活，而且西番莲全身都可用作药材。可用来祛风消热、治疗风热头昏等。除此以外，西番莲的果实富含多种维生素，美容养颜又美味。

4

受人们喜爱，于是它被人们带到了世界各地。

西番莲虽然很漂亮，但它是一种非常**危险的植物**。时钟花的叶子和茎部充满了毒液，所以很少有动物会吃它。

但是有一种身形非常小的动物却专门吃西番莲的叶子——它们就是纯蛱蝶的幼虫。

纯蛱蝶在进行交配之后，会把卵产在西番莲的叶子上。从卵中孵出的幼虫就会吃西番莲的叶子，小小的幼虫吃了有毒的叶子后，一点儿事都没有，最后把叶子都吃光了，让西番莲变成了"秃子"。

小鸟和小动物很少吃纯蛱蝶的幼虫，因为幼虫吃了有毒的西番莲，体内充满了毒素，而且还散发着难闻的气味。

• 果汁之王

西番莲的果实富含芳香物质，加工成果汁或者和其他水果搭配加工成混合果汁，可以让果汁具有更好的口感和香味。

纯蛱蝶幼虫

纯蛱蝶的幼虫好像想昭示这一点似的，**它们把身体弄得花花绿绿的，捕食者远远地就可以看到它们。**但捕食者一看到它们就觉得倒胃口，所以碰都不碰它们一下就转头回去了。

对于植物来说，叶子是**制造养分**的"工厂"。但是纯蛱蝶的幼虫却把这个"大工厂"给吃掉了，而且这种虫子的生命力还很顽强。那要怎样对付这个强大的敌人呢？

就这样，西番莲与纯蛱蝶幼虫的战争开始了。

西番莲大战纯蛱蝶

为了赶走纯蛱蝶幼虫，西番莲惯用的手段是引来纯蛱蝶幼虫的天敌。西番莲的花朵里有**蜜腺**，会吸引寄生虫和蚂蚁，它们都是纯蛱蝶幼虫的**天敌**。西番莲就是利用这些天敌来消灭纯蛱蝶幼虫的。让我们仔细看看这个过程是什么样的吧！

西番莲开花之后，就会有寄生虫循着蜜的气味来找西番莲。寄生虫在西番莲里吃蜜吃饱了之后，会**把卵产在纯蛱蝶幼虫的体内。等卵孵出寄生虫幼虫之后，这些幼虫就会吃纯**

• 童话中的公主

在美洲印第安人的传说中，西番莲是白天的女儿，她是一位热情洋溢的美丽的公主。有一天，一位俊美的少年把睡梦中的公主吵醒了。公主醒来后一眼就喜欢上了这位少年。但这位少年是黑夜的向导，他只在夜间出现。后来公主就时时刻刻地计算着时间，期待再次见到少年。

• 拥有"大局观念"的西番莲

面对纯蛱蝶的"死缠烂打"，西番莲可谓是使出万般绝招，甚至不惜壮士断腕，使出落叶抗卵，让虫卵和幼虫统统毙命，虽然损失了部分叶子，但是保住了整体。

• 热情洋溢似火

许多植物都是避开高温开花，可西番莲偏不，它专门选择一年中最热的月份开花，不止于此，它还专门选择最热月份里一天中最热的时间段开花。

●攀爬高手

西番莲喜欢到处乱爬，如果给它搭好架子，它靠着自己独特的"脚"可以很快长成一面会开花结果的"墙"。那些"脚"其实就是它的触须。

●繁殖高手

西番莲不仅可以通过种子繁殖，它还有另一种更快速的方法，那就是"种枝条"。只要砍一根枝条，把它插进土里，用心呵护就可以得到一株新的西番莲。

蛱蝶幼虫的肉，纯蛱蝶幼虫因此会慢慢地死去。

蚂蚁也会在吃完西番莲的蜜之后，帮助西番莲打退纯蛱蝶幼虫。蚂蚁穿梭在时钟花的叶子和茎之间，如果发现有纯蛱蝶幼虫吃西番莲的叶子，就会一起对幼虫进行围攻、捕食。

制造花蜜不是一件容易的事情。如果植物想制造蜜，就必须吸取更多的养分。也就是说，如果想产蜜，植物就必须减少生长和授粉时所需的养分。

聪明的西番莲就想出了非常奇妙的方法。它们在叶子上造出跟纯蛱蝶卵一样的假卵（以叶柄上突起的腺体模仿假卵），并利用这些腺体来制造花蜜。而纯蛱蝶有一种习惯，就是不会在其他纯蛱蝶产卵的地方再产卵。

这是因为纯蛱蝶的幼虫通常孵化出来后就会吃着自己所在的那片叶子长大，如果一株植物上有太多的幼虫，那么每个幼虫分到的食物就会减少。西番莲就是利用纯蛱蝶的"母爱"，想出了可以保护自己的方法。

西番莲上的假卵非常逼真，乍一看，它们与纯蛱蝶的卵没有任何区别，所以纯蛱蝶每次都会上当。

但是制造假卵的这项技术并非所有西番莲都会，只有生存受到纯蛱蝶威胁的西番莲才能使用这个"独门秘籍"。

这可是西番莲在残酷的考验中，摸索出的一项特殊的生存技术。

防御方法——不易被识破的智慧

如果西番莲将所有的叶子都弄上假卵，那就不会被纯蛱蝶幼虫吃了，但是西番莲没有这么做，只是交叉着制造了假卵。因为如果被纯蛱蝶发现的话，它们就会分辨出真的卵和假的卵了。

茎部很柔软的藤本植物

　　藤本植物的茎部太柔软，所以不能直着站立。它们不是生活在地面上，就是依附着其他物体生长。不同种类的藤本植物会用不同的方法依附在其他物体上。喇叭花和葛藤的茎会缠绕着木棍或者其他植物；时钟花和南瓜的藤蔓很发达，所以会抓着其他物体朝有阳光的地方生长；而常春藤会像个吸盘一样，将藤蔓紧紧地贴在墙壁上。

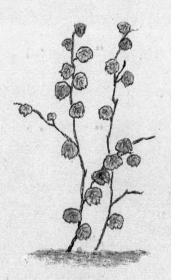
常春藤

喇叭花

植物的能量工厂——叶子

绝大部分植物不像动物那样会吃食物。那植物靠什么获得必需的养分呢？

植物通过根部吸取地下的水和养分，也可以自己制造养分。植物的身体里，有一个生产养分的"工厂"。

叶子中含有一种叫作"叶绿体"的绿色颗粒。如果阳光照在叶子上，叶绿体就会利用从气孔进来的二氧化碳和根部吸收上来的水，生产出葡萄糖等养分。

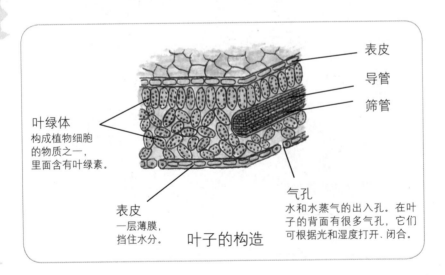

表皮

导管

筛管

叶绿体
构成植物细胞
的物质之一，
里面含有叶绿素。

气孔
水和水蒸气的出入孔。在叶子的背面有很多气孔，它们可根据光和湿度打开、闭合。

表皮
一层薄膜，
挡住水分。

叶子的构造

由于是利用阳光来制造养分，所以这个过程叫作"光合作用"。植物依靠光合作用产生的养分来维持生命，同时也为动物们提供营养成分。所以叶子通过进行光合作用，不仅养活了植物，还成为维持地球生物生活的"能量工厂"。

　　植物的叶子为我们提供呼吸所需要的氧气。因为叶子进行光合作用的时候会产生氧气。氧气是从叶子的气孔里出来的。也可以说，叶子为地球制造了氧气。当你走进郁郁葱葱的森林里，你会感到空气清新、心情舒畅，那就是因为森林里有充足的氧气。

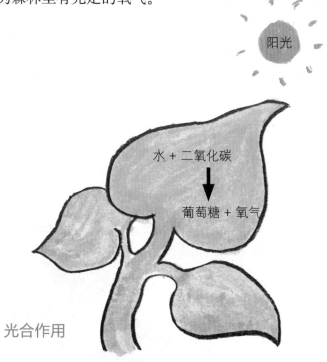

阳光

水 + 二氧化碳

葡萄糖 + 氧气

光合作用

带刺的荨麻

小鹿，你怎么了？

一只小鹿在草丛边**悠闲**地吃着草。突然，小鹿起身跑向其他地方。到底出了什么事呢？为了**一探究竟**，我走到小鹿刚刚吃草的地方，但是没有发现野兽和猎人的踪迹，只有一株浑身**长满毛的草**在晃动着自己的叶子。

令人吃惊的是，小鹿居然被一株草吓跑了。这种叶子和茎部长满毛的植物就是荨麻。

可怕的毒刺

荨麻广泛地分布在热带和温带地区，属于多年生植物。荨麻喜欢阳光，所以一般生长

·廉价草药

你可不要小看荨麻，它可是一味药用价值很高的草药。农牧民把它视若珍宝，把荨麻捣碎外敷，可以治毒蛇咬伤和风湿性关节炎等症，相当有效。而幼株的干叶是一些药剂不可缺少的成分，许多疾病的医治都离不开这种药物。

• 营养丰富的动物饲料

别看荨麻那带刺的叶子让很多动物都避之不及，用荨麻加工得到的饲料可是营养价值很高的饲料呢！荨麻不仅富含维生素和蛋白质，而且含有很多对动物发育很重要的微量元素。

• 舌尖上的荨麻

可能你会想，荨麻那么多刺，怎么能够拿来吃呢？但是对于"吃货"来说，这可不是什么难题，选择荨麻的嫩叶，再用适当的方法加工一下，它就是一道营养美味的"草食"。

荨麻

• 天生的防盗网

荨麻的茎叶上具有尖利的刺毛，在陕南地区也被叫作蜇人草。但是只要利用得好，这也是一种价值。一些小区、公司的墙根下面就会栽种这种草，种在墙根下既不会伤到人，还能起到防盗的作用。

在阳光充足的田野和草丛边上。它的高度在80厘米到1米之间，特征是叶子和茎部长满了毛。

事实上，荨麻除了身上长满了毛，也没有什么别的特征了。但是荨麻绝对不会成为像鹿和奶牛这样的大型食草动物的口粮。**荨麻叶子不仅不会被食草动物吃掉，相反，这些食草动物还会躲着它。**大多数的植物只能眼睁睁地看着自己的叶子和茎部被动物吃掉。但是荨麻不会坐以待毙，如果有动物想吃它的叶子和茎部，它就会用毒刺还击。

你一定会问，不能动的植物怎么还击呢？

喂，你想领教一下吗？

仔细观察荨麻，你会发现它的叶子和茎部上布满了又细又小的毛。**这些毛又尖又密，如果不小心吃到嘴里，那你的舌头和上腭就要遭殃了。**

这还不算什么。生活在欧洲和北美大陆上的荨麻还会用自己的毛去刺食草动物。**荨麻的毛既像刺也像玻璃，因为它的毛是透明的，很容易折断。**如果食草动物不小心把它吃到嘴里，那些毛就会断开，狠狠地刺进动物的上颚。

荨麻的毛中还含有一种叫作蚁酸的毒素。蚁酸是蜜蜂和蚂蚁等小昆虫在攻击敌人时使用的一种化学物质。如果你被蜜蜂或者蚂蚁叮了，被叮的地方马上就会肿起来，你还会感到疼痛难忍，这就是蚁酸在作怪。

荨麻将蚁酸藏在自己的毛中，如果哪个胆大的食草动物走过来吃它，它就会说："不知天高地厚的家伙，想领教一下吗？"然后将自己的毛刺进食草动物的身体。

为了吃一株草，被尖锐的毛刺一下，嘴也**肿**了，肉也**疼**了，还有哪个动物敢来吃它啊？

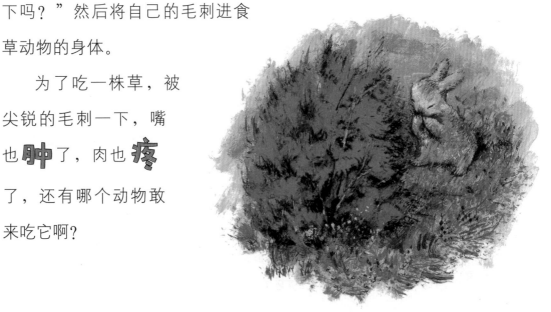

18

植物界的英雄

如果动物和植物打仗，你一定认为动物会赢。但不是所有的植物被动物欺负之后都会退缩。荨麻就战胜了许多大型食草动物，真可谓是植物界的战斗英雄。

那些一生都被动物折磨，却不敢吭声的植物，该多羡慕荨麻啊！荨麻的名字一定会永远成为植物界的骄傲。

还可以成为纺织材料

在安徒生童话《野天鹅》里，艾丽莎为了解除哥哥们被施的魔咒，用长满刺的草织衣服，这种草就是荨麻。在古时候，东方和西方都用荨麻制作过衣服。用于制作夏天衣服的苎麻纤维，也是以荨麻科植物苎麻为主要材料的。

苎麻

会动的草——含羞草

我不行了，快离我远点！

在热带地区的草丛里，有一株草伸展开所有的叶子，在阳光下沐浴。就在这时，一只蚱蜢跳到了它的叶子上。但是蚱蜢刚刚坐下，这株草就"枯萎"了，叶子都垂了下去。不仅蚱蜢坐的那片叶子下垂了，就连其他的叶子也跟着一片接着一片地下垂了。

最后，蚱蜢只能去寻找另一株草。但是没过多久，就发生了一件奇怪的事情。刚才"枯萎"的叶子就像五六月份的树木刚长新叶一样，又开始重新焕发生机。

这株可以随意改变叶子形态的草，叫作含羞草。

• 植物界的天气预测家

含羞草是一种能预兆天气晴雨变化的奇妙植物。如果用手触摸一下，它的叶子很快闭合起来，而张开时很缓慢，这说明天气会转晴；如果触摸含羞草时，其叶子收缩得慢，下垂迟缓，甚至稍一闭合又重新张开，这说明天气将由晴转阴或者快要下雨了。

• 灵敏的"地震仪"

地震那么危险，要是能提前预测就好了！含羞草就有这样的神奇功能，在地震发生前，含羞草的叶子会出现反常的合闭现象。在日本，有一次人们发现含羞草在上午10点还是张开的，但是到了11点含羞草的叶子突然全部闭合，结果两天后就发生了地震。

•不适合在室内种养

含羞草小巧可爱，但是不适合放在室内。因为它到了晚上由于不能进行光合作用就会释放有毒物质，日积月累，你的身体就会开始感到不舒服。

含羞草

•一朵含羞草花真的是一朵花吗？

其实我们平时看到的含羞草的一朵"花"并非真正意义上的一朵花，而是很多朵花组成的花序。小心地把这些小单位分开，就可以看到每个小单位都有花瓣，4根长长的雄蕊和一根雌蕊，原来那一个个的小单位才是它的一朵花，真是太奇妙了！

眨眼之间

含羞草的原产地在炎热的美洲中部，高度为30～50厘米，花为淡紫色，像一个小球，果实为 **豆荚状**。叶子的形状像羽毛，每四片叶子集中在一个点上。

含羞草很喜欢阳光，所以一般生长在阳光充足的草丛边或者田野上。像蚱蜢和蝴蝶幼虫这样的昆虫是靠吃植物的叶子为生的，但是它们却吃不到含羞草的叶子。**因为昆虫靠近的时候，含羞草就会伸缩自己的叶子，把昆虫"赶走"。**

植物怎么会动呢？请大家不要误会。就算含羞草会动，它也不可能把根拔出来到处溜达。

含羞草对触碰和振动很敏感，如果有谁碰到了它的叶子或者在它旁边发出很大的声音，含羞草就会把叶子合起来，就连叶柄都会垂下去。

这样的反应其实是靠叶子**传递消息**，这片叶子"告诉"旁边的叶子，然后一片一片往下传。于是含羞草最后会闭合所有的叶子，连叶柄也跟着垂下去。

含羞草闭合所有叶子所需要的时间，总共不到3秒。真是在眨眼之间，生机勃勃的含羞草就"枯萎"了。像蚱蜢这样的昆虫，刚坐到含羞草的叶子上，还没等张嘴，就会摔到地上。像小鹿和奶牛这样的大型食草动物，看到枯萎的叶子就没有食欲了。

• 是药三分毒

含羞草可以用作中药治疗多种疾病，但是碰一下都会害羞的它怎么会轻易地让人采来吃呢？于是，它通过产生一种植物碱来保护自己，这种碱对我们人体可不友好，若是误食了，你的头发可能会掉哦！所以药用时也须在医生的指导下进行。

含羞草会动的秘密

含羞草为什么会动得这么快呢？

我们都知道动物身上有神经细胞，同样，植物的体内也有类似的"水管"。含羞草就是靠这些水管活动的。如果叶子和茎部被其他物体触碰，水管就会向叶柄和叶子传递"立刻装枯萎"的信号。

收到这个信号之后，使叶子直接枯萎还需要"运动细胞"帮忙。这种运动细胞只有含羞草有。**含羞草的运动细胞分布在叶片和叶柄以及叶柄与茎部的连接部分，以水管为中心，上下分布。**

收到信号后，这些运动细胞就会将储藏的水排入水管中。但是从水管上侧和下侧的运动细胞里流出来的水量是不同的。从水管上侧的运动细胞里流出来的水量很少，而从水管下侧的运动细胞里流出来的水量就比较多，所以叶子就会垂下来。

含羞草的运动原理是这样的：当收到信号后，水管两侧的运动细胞就会排水，由于排水量不同，上侧就会比下侧重，所以叶子和叶柄就像枯萎了似的向下垂。

受到刺激，叶子"枯萎"的含羞草

打破常规

当含羞草合上叶子，叶柄向下垂的时候，大部分动物会以为它真的枯萎了，立刻转头离去。动物做梦也不会想到含羞草是为了避免被吃掉而"装成"枯萎状的。含羞草的被发现打破了植物不会动的传统认识，真是一种充满智慧的植物啊！

会睡觉的草

我们都知道，动物们到了晚上都要睡觉。但很少人知道，含羞草到了晚上也会睡觉。含羞草睡觉的时候会合上所有的叶子，叶柄下垂。由于含羞草有这项功能，我们也把含羞草叫作"会睡觉的草"。含羞草还有另一项功能，那就是自我麻醉。麻醉之后，就算有任何触碰，它都不会动。

植物们是如何保护自己的？

就算有动物靠近或者受到攻击，植物也不会动。但是植物不会眼睁睁地等着被动物欺负，它们会用很多方法来保护自己。

第一，像荨麻一样，开发防御武器。荨麻锋利的细毛和刺都会使想要吃它叶子和茎的食草动物望而却步。

像紫芒和结缕草这样的植物会吸取土地里的盐碱，长出锋利的叶子。如果不小心的话，动物很容易被这些植物割破皮肤而受伤。

第二，就是利用对方的天敌。当野玫瑰的新芽被蚜虫攻击时，新芽会释放出一种特别的气味。这种气味会引来蚜虫的天敌瓢虫，瓢虫就会替野玫瑰的新芽吃掉蚜虫；生活在非洲和美洲大陆上的某种金合欢植物为了生存，会为蚂蚁提供美味的蜜水，利用蚂蚁消灭那些害虫。

第三，是利用化学物质赶走害虫和细菌。在茂盛的松树林中，其他植物很难生长，松树为了不让其他植物生根发芽，它的叶子会释放一种化学物质。切洋葱的时候，我们经常会觉得辣眼睛，还会流眼泪，这种辣味也是洋葱为了驱赶害虫释放出的一种刺激性很强的化学物质。

第四，是模仿其他物质，赶走敌人。为了赶走来产卵的纯蛱蝶，时钟花的叶子会鼓起类似纯蛱蝶卵的小凸起；在非洲纳米布沙漠里生长着一种很像石头的草，它欺骗了很多口渴的食草动物。

除了这几种方法外，植物们还有很多种防御方法。有的像含羞草一样，受到动物攻击的时候就"装成"枯萎状。还有的像时钟花一样，利用多种方法来保护自己。

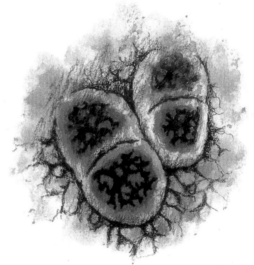

纳米布沙漠上的石头草

27

受到根瘤菌帮助的豆科植物

自然界的魔法师

农田开垦时间久了，土质会变差，农民就会在这样的土地上种植大豆。因为大豆不仅会在这样**贫瘠的土地**上生长得很好，而且还会使土质变得更肥沃。除了大豆，像红豆、豌豆和紫云英这样的豆科植物都拥有这样的能力。它们就好像是改变土地质量的**魔法师**一样。

豆科植物能施展这种魔法的秘诀在哪里呢？

你知道根瘤菌吗？

植物生长的时候，除了要有叶子制造的养分之外，还需要铵盐、硝酸盐等氮化合物。植物不能自己制造氮化合物，要通过根部从土壤中吸取这种养分。我们通常所说的肥沃土地，就是指含有丰富氮化合物的土地。农田开垦时间长了，氮化合物的含量就会减少，所以农作物的产量也会下降。

　　豆科植物和其他植物一样，不能自己制造氮化合物。豆科植物之所以可以生长在氮化合物贫瘠的土地上，是因为有一种物质会生长在豆科植物的根部，帮助豆科植物制造氮化合物。

　　当拔出大豆的时候，你会发现它的根部有许多像瘤子一样的东

• 植物蛋白质储存库

大多数豆科植物富含蛋白质，是人、畜的优质蛋白来源。比如，大豆就是我们生活中非常重要的蛋白质来源，食用方法也很多样。用心观察，就会发现大豆制品随处可见。

• 小身躯，大作用

根瘤菌非常小，它形成的根瘤肉眼可见，但是它却大有作用。根瘤菌不仅可以给它的共生伙伴豆科植物提供氮肥，而且还有修复被污染的土壤的神奇作用。

• 植物界的共生朋友

豆科植物和根瘤菌的共生友谊可谓植物界的一段佳话。在植物界，除了豆科植物和根瘤菌外，还有另外两种植物也有着这样的共生关系。就是藻类和真菌，两者共同形成地衣，藻类提供有机物，而真菌提供水分和无机盐，它们就这样默契地配合，共同生存下来。

豆科植物的根瘤菌

西，我们把它叫作"根瘤"。豆科植物的根瘤里有许多非常小的细菌，这种细菌能将空气中的氮气转化成植物所需的氮化合物。由于这种细菌和植物共同形成了**根瘤**，所以我们把它称为"根瘤菌"。这种根瘤菌可以把氮化合物分给植物，这样植物就能在贫瘠的土地上茁壮成长了。

住到我的根里吧

根瘤菌不仅是豆科植物不可缺少的伙伴，还在其他植物的生长过程中起着重要作用。由于根瘤菌很重要，所以豆科植物会给它们创造更好的生活环境。

根瘤菌是细菌的一种，细菌是由一个细胞组成的简单生物体。大部分细菌不能为自己提供所需的养分，必须寄生在其他动物或者植物体内。有的细菌会使其他生物染上疾病，我们把这种细菌叫作"**病原菌**"。

根瘤菌不是病原菌，但是它也不能自己制造养分，无法独自

> **·与根瘤菌"合租"的其他"室友"**
>
> 根瘤里面不仅住着根瘤菌，还有很多其他的非共生细菌，所以根瘤菌一点儿也不孤独。

生存。豆科植物允许根瘤菌在自己的根中"**安营扎寨**"，还会分给它们养分，让它们繁殖。豆科植物将通过光合作用产生的淀粉和葡萄糖传递给根部，然后分给根瘤菌。

地下的温暖友情

豆科植物为根瘤菌提供了珍贵的住所和食物，作为报答，根瘤菌也会给豆科植物提供氮化合物。它们之间的友谊点亮了漆黑的地下，使地下变得更加明亮、更加温暖。

当你走在贫瘠的田野边，看到开花的大豆或者紫云英，请你将耳朵贴到地上仔细听听，你会听到豆科植物和根瘤菌在歌唱呢！

大豆　　　　　　绿豆　　　　　　紫云英

各种豆科植物

植物为什么需要氮？

蛋白质和核酸是组成植物的重要物质，而氮是制造这两种物质的重要原料。所以，如果缺少氮，就算其他养分供给充足，植物也不会生长得很好。

如果没有豆科植物，植物将如何吸取氮呢？

空气中的氮气含量约是80%，植物要靠地下的根瘤菌把这些氮气转化成氮化合物之后，再从中吸取氮元素。在农田里，农民会用肥料直接给植物提供氮元素；或者将死了的动物和植物埋在地下，它们腐烂之后也会变成氮肥；还有在下雨的时候，空气中的氮也会随着雨水流进土里，但含量非常少。除了豆科植物以外，其他植物都是通过这些途径获得氮的。

寄生在紫芒上的野菰

开在紫芒地里的花

走在秋天的山路上，有许多像棉花一样的紫芒穗随风轻轻**摇曳**着。在高大的紫芒下面，有几棵小草。奇怪的是，这种小草看起来既没有叶子，也没有茎，只有黄色的花梗上开着的紫色小花。

它的名字叫作野菰。

可怜的花——野菰

野菰生活在紫芒地里的阴凉处，它是一种细长的草。 由于茎部太短，不能露出地面。它的叶子像鱼鳞，只是面积实在太小，根本就不像叶子。到了秋天，它的花轴会长到10～20厘米，开出像小铃铛一样的紫色小花，但是花却耷拉着脑袋，一点儿生气也没有。

35

• 低成本、高产出的紫芒

紫芒繁殖速度快，生长周期短，而且生命力也很顽强，随便找个荒坡就可美滋滋地在那"安营扎寨"。但是它的经济价值可不低，它可以用作造纸材料，还可以用来发电。

• 一种长得像酒壶嘴的植物

你知道野菰除了叫野菰外还有多少种叫法吗？光统计出来的就有20多种。有些名字十分形象，譬如，酒壶嘴、烟斗花。仔细观察，发现它的花真的很像酒壶的嘴呢！你觉得呢？

• 让人又爱又恨

野菰除了寄生在紫芒的根部，还经常寄生在甘蔗的根状茎上和甘蔗抢营养，这让蔗农很头疼，自己辛辛苦苦给甘蔗施肥，结果甘蔗制造的营养物质却被这个不劳而获的家伙抢了去。但是另一方面，野菰又是一味很好的中药。所以它还真是让人又爱又恨啊！

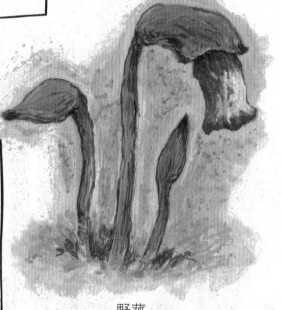

野菰

• 芒——生态改善小帮手

芒能够大量吸收造成全球变暖的罪魁祸首——二氧化碳，改善全球变暖问题。除此以外，芒还能吸收土壤中的重金属，给土壤解毒。

野菰不仅看起来很可怜，事实上，它生活得也很"艰辛"，因为野菰的体内没有叶绿素。

叶绿素是指植物叶绿体内的绿色色素颗粒。植物的叶子之所以是绿色的，都要归功于**叶绿素**。**叶绿素在植物的生长中起着非常重要的作用。在光合作用中，叶绿素的任务就是负责吸收阳光。**

在野菰的身上，你找不到一丝绿色。不仅叶子和茎部没有绿色，就连秋天生长的花梗也没有一丁点儿绿色。由于没有叶绿素，所以野菰无法进行光合作用。身为一株植物，不能为自己提供养分，这是一件多么可悲的事情啊！那么，野菰是如何维持自己生命的呢？

紫芒的爱

原来野菰是从紫芒那里获得生存所需的一切。野菰会在紫芒的根部**生根发芽**，从紫芒身上吸取水和养分。

那野菰生长在紫芒身上，还要吸收紫芒的水和养分，紫芒自己能健康地成长吗？

紫芒是一种生命力极其**顽强**的植物。如果一颗紫芒的种子发芽，周围就会长满紫芒。紫芒的茎部不是朝天生长，而是向地下生长。这个地下的茎会在很多地方生根发芽。

　　到了秋天，生长在山坡和原野上的紫芒就会结出像棉花一样漂亮的紫芒穗，所以秋天去紫芒地里郊游的人很多。紫芒在秋季会干枯变成褐色，而它在春天至初秋的这段时间里是深绿色的，它会利用水、二氧化碳和阳光不停地制造养分。**紫芒几乎不会受到动物的攻击，因为紫芒的叶子边缘非常锋利**，如果有动物要吃它，肯定是自讨苦吃，会伤到自己。

　　紫芒有可以**扩张领地**的地下茎，还有提供养分、抵御敌人的叶子，真是让一些植物羡慕啊！

　　紫芒能善待生长在自己根部的野菰，并且如此豁达，可能是因为自己的生活太优越了。就算野菰不断吸取它的水和养分，紫芒也

紫芒地

38

毫不介意，反而会把身边的野菰照顾得好好的。

在我怀里休息

虽然野菰是植物，但是却不能为自己提供养分。善良的紫芒将水和养分无私地分给了可怜的野菰，这两种植物就像一对好朋友。就算生活在很艰难的环境之中，但只要有一个像紫芒这样的好朋友，你一定会觉得生活很幸福。

分辨紫芒和芦苇的方法

紫芒与芦苇长得非常像，它们结穗的季节也一样，所以很容易弄混。紫芒和芦苇其实是两种完全不同的植物。紫芒主要生长在比较干的山坡上，而芦苇则生长在江边、海边和湖边，喜欢有水的地方。还有，紫芒的根很粗，地下的茎还会向旁边延伸，但是芦苇没有地下茎，根的样子就像胡子一样。紫芒的花从花轴的根部依次排开，像一把扇子。而芦苇的花会从花轴上部的任意地方开出，显得很乱。

40

2

神奇的授粉专家

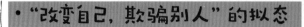
• "改变自己，欺骗别人"的拟态

眉兰属除了用花朵欺骗角蜂外，还会欺骗其他动物，例如黄蜂、蜜蜂、蝇类，甚至蜘蛛都深受其害。心累呀——它们以为找到了漂亮的伴侣，没想到找了个"寂寞"。

模仿雌蜂的角蜂眉兰

哎呀，这是花啊!

在地中海沿岸的一片田野上，生长着一种很**奇怪**的兰花，它的唇瓣周围长满了红色的毛，外侧的花萼就像雌性马蜂一样。

没过多久，一只雄性马蜂就朝着这朵花飞了过来，一下子扑到花上想跟它交配，不停地晃动自己的尾部。

就算这朵花与雌蜂长得很像，但花毕竟不是马蜂。最后，这只雄蜂把自己浑身弄满花粉，失望地飞走了。

· 高明的植物 "骗子"

角蜂被眉兰骗得团团转，为什么它会持续被骗呢？俗话说"吃一堑长一智"嘛！其实这也怪不了角蜂，都怪这个"骗子"太高明，不仅有一手高明的易容技术，连气味都模仿到极佳。所以不能责怪角蜂太蠢。

这种长得像雌蜂，把雄蜂都给欺骗了的花，叫作"角蜂眉兰"。角蜂眉兰为什么会开出像雌蜂一样的花呢？

我没有蜜

角蜂眉兰主要分布在葡萄牙、土耳其、黎巴嫩这些国家，以及非洲北部、南欧和地中海沿岸等地区。夏天，角蜂眉兰的花轴会长到30厘米左右，然后才会开花。

植物开花是为了授粉后培育种子。授粉是指将雄蕊上的花粉传播到雌蕊的柱头上。植物是通过授粉来培育种子的。

植物不能像动物一样自由地活动，所以**植物就需要一个传播媒介来帮助授粉。这个过程一般由风和蜜蜂、蝴蝶等昆虫来完成。**因为昆虫比风灵活，可以将花粉传递到准确的位置上，所以植物们都喜欢找昆虫帮助自己授粉。

可是昆虫们不会白白地给花儿授粉。飞舞在花丛中的蜜蜂和蝴蝶不是因为喜欢漂亮的花才飞来的，而是为了获得美味的花蜜和花粉。所以开花的植物都会争相拿出甜美丰盛的花蜜和花粉来招待昆虫们。

而角蜂眉兰却用了一种非常巧妙的方法来吸引昆虫，它们没有为昆虫们准备丰盛的花蜜大餐，而是用**巧妙的障眼法**来吸引昆虫帮助自己授粉。

• 只对雄蜂下手

说来也奇怪，上当受骗的往往是雄蜂，而雌蜂几乎不上当，因为角蜂眉兰模仿的就是雌蜂！它正是看准了雄峰的求偶心切，然后利用自己曼妙的身躯和特殊的气味来吸引雄峰。而此时，大多数雌蜂还待在蜂蛹中没出来呢！

• 会模拟成洞穴的兰花

在地中海东岸耶路撒冷的旷野上，有一种兰花欺骗土蜂的手段更绝。它模拟的不是雌蜂本身，而是它们的洞穴。雄土蜂本想进入兰花准备好的洞穴求偶，没想到是个空穴，只好把"洞房"当成"客房"，等到它们出来时，身上早已裹满了花粉。

装成雌蜂

角蜂眉兰的花是由一个唇瓣和两个花萼组成的。它的唇瓣像一条跑道，能让昆虫轻松地落在上面。而且角蜂眉兰的颜色和模样也很特别，唇瓣呈富有光泽的蓝紫色，周围是黄色的边，最外层是红色的毛，跟马蜂的尾部几乎一模一样。

角蜂眉兰的两个花萼就像马蜂的一对翅膀，向两侧开启着，从远处看，就像一只马蜂正坐在花上吃着蜜。

角蜂眉兰不仅能开出像马蜂一样的花，它还可以散发出雌蜂特有的气味。

长得像雌蜂，又能散发雌蜂的气味，哪个雄蜂不上当啊？所以在生长角蜂眉兰的地方，雄蜂每次都会受骗。

当雄蜂落在唇瓣上，花顶部的柱头就会下垂。然后，雄蜂就会蹭上角蜂眉兰的花粉，并把从其他角蜂眉兰上获得的花粉蹭到这棵角蜂眉兰上，帮它完成授粉的过程。

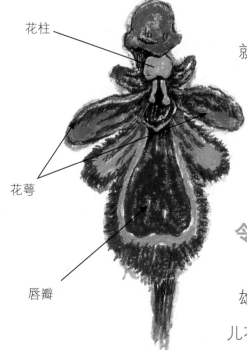

花柱

花萼

唇瓣

角蜂眉兰的结构

令人叹服的谋略

雄蜂不仅没有交配成功，而且一丁点儿花蜜也没得到。虽然角蜂眉兰的这种方法对雄蜂很不公平，但是我们不得不佩服它为了成功授粉所用的谋略。

先不要急着感叹。虽然角蜂眉兰用了这种方法，但仍然担心授不到粉，于是它就延长了花期。角蜂眉兰的花期比其他花的花期要长很多。如果授粉成功了，角蜂眉兰会结出很多种子，一次能结几万颗种子。然后，角蜂眉兰会将这几万颗种子一起放出去，让种子随风播撒。

不用自己花粉授粉的植物

角蜂眉兰的雌蕊和雄蕊在一个花柱上，但是角蜂眉兰不会在同一朵花上完成授粉，也不会和同一株植物上的花进行授粉。同一株植物上的花互相授粉叫作"自花传粉"或者"自花授粉"。自花授粉结出的种子适应环境的能力很差，所以植物们会尽量避免自花授粉。与自花授粉相反的就是与其他植物的花进行授粉，我们把这种授粉方式叫作"异花授粉"或者"异花传粉"。

种子是怎样形成的？

在植物的花朵里，有制作花粉的雄蕊和含有胚珠的雌蕊。当雄蕊的花粉落到雌蕊的柱头上，才能形成种子。我们把这个过程叫作授粉。

植物不能自己移动，如果想授粉，就必须依靠外力来运送花粉。花粉一般是由风和昆虫运送，有时候，水、鸟和蝙蝠也会帮助植物运送花粉。

授粉之后，花粉会通过花粉管进入子房的胚珠里。然后，花粉管中的精细胞就会与胚珠中的卵细胞结合。胚芽成熟后，就会变成种子。子房与种子一同生长，最后变成果实。

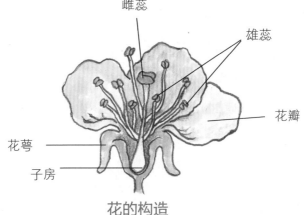

花的构造

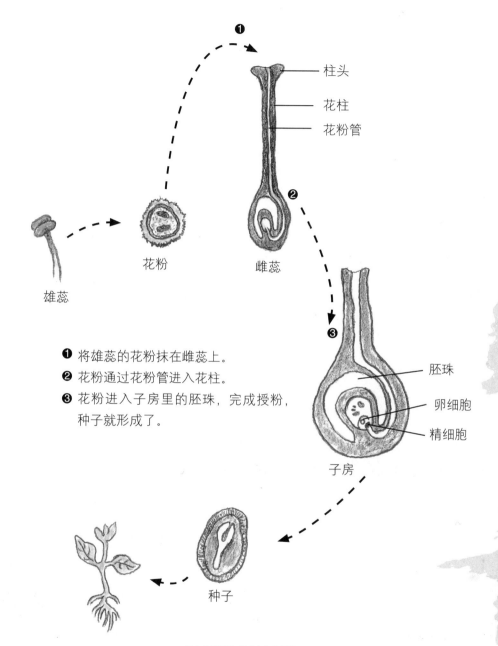

柱头
花柱
花粉管

花粉

雌蕊

雄蕊

❶ 将雄蕊的花粉抹在雌蕊上。
❷ 花粉通过花粉管进入花柱。
❸ 花粉进入子房里的胚珠，完成授粉，
种子就形成了。

胚珠
卵细胞
精细胞

子房

种子

种子形成的过程

49

囚禁甲虫的亚马孙王莲

在王莲花中过夜的昆虫

天渐渐黑了，在亚马孙河流域的一个湖泊中，巨大的王莲花在月光的照射下显得格外美丽。王莲花不仅大，香气也很浓，所以引来了很多昆虫。

没过多久，一只甲虫就被这股香气吸引了，飞向这朵亚马孙王莲。甲虫坐在花朵里，**贪婪**地吃着花蜜和淀粉，完全忘记了时间。

• 想摘我的花？那你可得小心了

亚马孙王莲花很美、很独特，但是它其实是个带刺的家伙。在它美丽的外表下藏着一根根锋利的"钢钉"。在它还是花苞的时候，你甚至都不会认为它是一朵花，而是一个满身带刺的怪物。

51

天哪，怎么会这样啊？在甲虫享受美食的时候，亚马孙王莲竟然**偷偷地合上**自己的花瓣。小小的甲虫就这样被关进了这朵巨大的王莲花里。

亚马孙王莲为什么要这样做呢？

巨大的花朵

亚马孙王莲是生长在亚马孙河流域的湖泊和池塘里的一种植物。叶子的直径约60～180厘米，能稳稳地漂浮在水面上。亚马孙王莲的叶子很肥厚，就算是人坐在上面也不会沉到水里。

一株亚马孙王莲会在水面上展开40～50片巨大的

亚马孙王莲

叶子。所以亚马孙王莲生长的地方，一般不会有其他植物生长。它会用自己的大叶子挡住阳光，不给其他植物留出生长的空间。

每年的6～7月是亚马孙王莲的**花期**，它的花也非常大，直径为40厘米左右。由于亚马孙王莲的叶子和花太大，授粉就成了问题。

亚马孙王莲是异花授粉植物。但是它的叶子和花太大，昆虫们就算只在一株睡莲的几朵花上采蜜，也能吃得很饱，根本没有必要寻找下一株王莲。

亚马孙王莲将甲虫关起来，就是为了繁殖下一代。 这个方法很有趣吧？

·伟大的"工程师"

亚马孙王莲的叶子非常大，叶盘具有数十千克的负重能力，而且能够长期保持展开的状态。让我们来看看它的建造技术：首先它会用很多的"木板"相互交叉组成牢固的框架；然后为了增加浮力，又在叶片和叶脉的空腔中注满气体。

·下雨时叶面怎么排水？

王莲那大如圆盘的叶子，下雨时要是上面装满了雨水，它会不会窒息啊？不会。它能够在多雨的亚马孙河流域中生存下来，肯定得有点小诀窍。其中的奥秘就在于它叶子上的两个缺口，每片叶子都有两个缺口，以便及时排水。

请你在我的花朵里过一夜吧！

亚马孙王莲是通过生活在亚马孙河流域的甲虫进行授粉的。亚马孙王莲的花是显眼的白色，而且还散发着甜美的香气，就是为了吸引喜欢在夜里活动的甲虫。

在月光下，**白白的**王莲花和**甜甜的**香气吸引了很多甲虫，它们将在这里享用到**丰盛的**晚餐。在亚马孙王莲花的

中间部分有一个球状的凸起，这个凸起上有很多甲虫喜欢的蜜糖和淀粉。

在甲虫不停嘴地享用美餐的时候，亚马孙王莲就会**悄悄地**合上花瓣。那么，被关在花朵里的甲虫会怎样呢？

亚马孙王莲花的直径约40厘米，一朵花的花瓣大概会有150瓣。小小的甲虫能从亚马孙王莲的花瓣里逃脱出来吗？

这个关着甲虫的花瓣，就像一个有很

多层铁窗的监狱。如果甲虫想出来，就只能等到第二天花朵重新**绽放**的时候，这意味着要在里面待上24小时呢。

第二天晚上，亚马孙王莲的花瓣重新绽开，浑身沾满花粉的甲虫已经**筋疲力尽**了。当甲虫爬出来的时候，会发生一件令人惊讶的事情——白色的王莲花竟然变成了粉红色。

这种甲虫有一种习惯，那就是只找白色的花。看到粉红色花朵的甲虫就会重新启程去寻找白色的花。

亚马孙王莲就是通过这种方法完成了授粉。同一株王莲上的花会一起开花吸引并囚禁甲虫，然后再一起变成粉红色，把甲虫给放了。这样的话，亚马孙王莲就会避免自花授粉，也可以结出丰硕的果实。

重新绽放的白色花朵

亚马孙王莲曾经因为巨大的花和叶子而"头疼"，但是现在不会了。它通过囚禁—释放甲虫的方法，完成了异花授粉。正因为成功地进行了授粉，亚马孙王莲才结出了丰硕的果实。

那么，一整夜被关在花朵里的甲虫该有多么难受、多么害怕呀？

不知道亚马孙王莲是否想过甲虫的感受。到了第三天晚上，亚马孙王莲又像什么也没发生过似的，重新绽放白色的花朵，又开始诱惑新的甲虫上钩。你不觉得亚马孙王莲太狡猾了吗？

亚马孙王莲的叶子为什么卷起来了呢？

亚马孙王莲的叶子边缘，有约15厘米宽的叶子是向上卷起来的。所以它能轻松地推走水面上其他植物的叶子。亚马孙王莲的叶子背面也有武器。为了防止水里的鱼吃掉叶子，它的叶子背面长满了刺。

亚马孙王莲的
叶子背面

相互帮助的丝兰和丝兰蛾

花和昆虫是最佳拍档

花会将**甜甜的**花蜜和营养丰富的一部分花粉分给昆虫。为了感谢花提供的食物，昆虫也会帮助花进行授粉，让它们结种子。花和昆虫就这样相互帮助生活着，其中有一对配合**非常默契**的组合，那就是丝兰和丝兰蛾。

只等待丝兰蛾的丝兰

丝兰是一种生长在北美洲南部沙漠地区的多肉植物（茎部和叶子含有很多水分的植物）。丝兰共有40多种，一般没有茎部，它多肉质的叶子非常锋利，从根部开始向上长。丝兰将水分储藏在叶子里，抵挡沙漠的干旱气候。到了夏天，它就会长出很长的花柄，开出一朵朵白色小花。

丝兰的叶子是**多肉质**的，而且花也非常漂亮，深受世界上很多国家人们的喜爱。但是养殖丝兰的人都会有同样的困惑——丝兰不会在非原产地的地方结出种子。每年夏天，丝兰都会开出美丽的花，吸引来很多昆虫和蝴蝶，但

丝兰

60

就是不结种子。这到底是为什么呢？

原因就在丝兰的授粉习惯上。**丝兰不会接受其他昆虫授的粉，它只接受丝兰蛾授的粉**。当雌性丝兰蛾将花粉刺进雌蕊柱头的时候，才能产生种子。

丝兰不在非原产地结种子的原因就在这儿，因为丝兰蛾只生活在**北美洲**的沙漠地区。

我唯一的爱——丝兰

丝兰没有丝兰蛾的话，就无法产生种子。但是你知道吗？如果没有丝兰的话，丝兰蛾也是不会产卵的。

丝兰蛾生长在美国西南部比较干旱的地方，体形很小，是一种有着金属光泽的蛾子。和其他蛾

丝兰蛾

• 我来给你的宠物除臭啦!

宠物天天陪伴着我们，就像我们的朋友一样，但是宠物身上会产生臭臭的味道，这可怎么办? 没事，只要给它喷点除臭剂就好啦! 丝兰就是一种除臭剂的重要成分，丝兰里面有某种化学物质可以吸收掉宠物身上的"臭味"。

• 空气净化器

丝兰具有吸收有毒气体、净化空气的本领，所以常常被种植在一些污染较严重的企业周围。

丝兰和丝兰蛾

• 新型饲料添加剂

小猪崽在生长过程中会生病和出现一些肠道问题，为了使小猪崽快快长大，科学家们真是煞费苦心啊! 后来科学家们终于发现一种可以改善小猪崽肠道问题的办法，那就是往饲料中加入从丝兰中提取的某种成分，小猪吃了这种饲料后，肠道好了，免疫力也提高了。

子一样，丝兰蛾会在夜间吸取一些花蜜、果汁和树汁。但它也有一个特别之处，就是只在丝兰花上产卵。很多幼虫都喜欢

翠绿的叶子，但丝兰蛾却偏偏喜欢丝兰的花，而不是丝兰的叶子。丝兰蛾将花粉塞进雌蕊柱头里之后，再将自己的产卵管插在雌蕊的柱头上，然后将卵产在丝兰的花朵里。

丝兰也是通过这个过程完成授粉并结出种子的。而且丝兰蛾的幼虫也会在丝兰花的子房中，与丝兰的种子一同成长。

更有趣的是，丝兰蛾的幼虫并不吃植物的叶子，而是吃丝兰的种子。 一朵丝兰花一次可以结200多颗种子，但是会被丝兰蛾吃掉一半。丝兰蛾之所以会剩下一半，是因为它知道如果将丝兰的种子吃光，丝兰就无法培育后代了。那样的话，自己就没有产卵的地方了，也会跟着永远地消失。

如果没有你，我的世界就太凄凉了

一种植物和一种昆虫有着这样 **紧密的关系**，相互参与对方的繁殖，但这也是一件会威胁到双方生存的事情。如果丝兰蛾灭亡的话，那丝兰也会跟着走向灭亡。同样，丝兰蛾也依赖于丝兰生存。丝兰蛾只能在丝兰花上产卵，如果没有丝兰花的话，它就无法产卵。看着它们 **生死与共** 的友情，真让人为它们的生存感到揪心。

不用种子，培育更多丝兰的方法

丝兰可以通过扦插的方式繁殖。用锯将丝兰上的侧芽切下来，然后将其茎部埋在沙子里，不久之后就会长出根。还可以把它插在土里，让土保持湿润，也可以生根。嫁接出来的丝兰和原来的丝兰是完全一样的植物，但这不是植物的下一代，只能算是克隆植物。

蜜囊很长的兰花和喙很长的天蛾

到底在耍什么花样?

马达加斯加岛，一个位于非洲大陆东部的大岛。

在**郁郁葱葱**的森林里，开放着一种美丽的兰花。

花的模样就好像一颗颗**闪烁的星星**，点缀着黑夜
的草丛。但奇怪的是，一般的兰花是没有花蜜的，但是这种
兰花却有蜜囊。它的蜜囊约30厘米长，又细又长。这株兰花到
底是在等谁来吃它的蜜呢?

> **·行动谨慎的"预测天蛾"**
>
> 科学家们虽然很早便发现了"预测天蛾"
> 的存在，却一直找不到证明"预测天蛾"
> 和大彗星兰关系的证据，直到很长时间后
> 才找出原因——这种天蛾太谨慎了，它只
> 在夜间行动，而且数量也不多。

• 为了生存，大彗星兰也是拼了

大彗星兰独特的结构貌似把自己给害惨了，也就只有"预测天蛾"不嫌弃它，愿意给它授粉。于是大彗星兰便使出浑身解数来吸引"预测天蛾"，不仅开出像星星一样漂亮的花朵和散发出浓郁的香气，它还把花期延长至几个星期，耐心地等候"预测天蛾"的到来。

67

拥有最长蜜囊的兰花

这种兰花有很长的蜜囊，它的学名是"**大彗星兰**"。它原来生活在马达加斯加岛，后来传到了世界各国，并且深受人们的喜爱。

大彗星兰原本生活在马达加斯加岛上，并且喜欢没有阳光的热带丛林。它的花期在每年的12月到次年2月之间，而且只在晚上散发香气。**大彗星兰的花很像星星，是略带绿色的白色花朵。** 盛开在热带丛林中的大彗星兰，就好像是天上的星星掉在了地上一样，非常漂亮。

这种漂亮的兰花有一个很奇怪的特征，它的蜜囊长度达到约30厘米，是世界上最长的蜜囊，而且蜜腺还在蜜囊的最底端。

植物的蜜腺是为了吸引昆虫而准备的，能够让昆虫更轻松地帮助自己完成授粉。那大彗星兰为什么要用这么长的蜜囊呢？它到底安的什么心啊？

人们常说，每

● 靠实力赢得"彗星兰"的美誉

大彗星兰外形长得像一颗星星，加之又拖着一条长长的尾巴，就像天空中掠过的彗星，后面还拖着长长的彗尾，所以被人们称为"彗星兰"。

一只鞋都有和它配对的另一只。在马达加斯加岛上，有一种非常特殊的昆虫专门为这株奇怪的兰花授粉。**这种昆虫叫作"巨大天蛾"。**

世界上嘴最长的天蛾

巨大天蛾主要生活在非洲的**热带海边**。它后边的两个翅膀较小，前边两个比较大，伸开翅膀的话，约有13～15厘米长，飞行的样子很像蜂鸟。

大部分天蛾会用管状的喙（嘴）吸取花蜜，喙长根据花的种类而变化。令人吃惊的是这种天蛾有的喙长居然达到了30厘米。

平时，这种天蛾会将自己的长喙卷起来，放在头底下。等到大彗星兰开花的时候，它就会将长喙伸进蜜囊里，吸取甜美的花蜜。

巨大天蛾

同时，大彗星兰也不会白白地浪费自己的花蜜，而是会借机完成授粉。获益的不仅仅是大彗星兰，正因为有了这样独特的蜜囊，这种天蛾才能独自享用大彗星兰的花蜜。

达尔文的主张

看到大彗星兰和巨大天蛾，我们不禁会感叹这世间居然存在这么有意思的搭档。有一个人在没有见到这种天蛾之前，就通过大彗星兰的蜜囊特征推断出一定有这样的昆虫，这个人就是进化生物学家达尔文。

达尔文在研究兰花的时候，在英国看到了作为观赏花引进的大彗星兰。1862年，达尔文出版了一部关于兰花的书。他说："马达加斯加岛上一定会有嘴巴长得像大彗星兰蜜囊一样的昆虫。不然，大彗星兰这样的植物不会生存到现在。"但是很多人都不相信达尔文说的话，而且还笑话他。40年后，这种天蛾真的出现在了人们眼前。

进化得最好的植物——兰花

达尔文认为兰花是与为自己授粉的昆虫一同进化的。大彗星兰为了不浪费一滴蜜，就将自己的蜜囊进化成跟巨大天蛾嘴一样的长度。除此之外，有一些兰花是没有花蜜的，它们为了吸引昆虫，会散发出特殊的香气，或者散发出有花蜜的兰花才有的气味，还有的会开出跟雌蜂一样的花。由于兰花的授粉策略多种多样，所以被认为是进化得最好的植物。

3

植物们播撒种子的战略

蒲公英为种子装上冠毛

在马路缝中生根发芽的蒲公英

3月，冰冻的大地开始**慢慢融化**，山和田野都是一片**生机盎然**的景色。你看，墙根底下有几棵绿色的小草，它紧紧地贴在地面上，叶子是锯齿状的，这种植物就是蒲公英。

• 可以用来治病的野菜

蒲公英可以用来炒着吃，也可以当作治病良药。蒲公英对于爱吃苦菜的人来说是一个很不错的选择，一般食用的部位是嫩叶。除了作为菜肴外，蒲公英更多时候是以草药的身份亮相。

马路的人行道上居然长出了一株蒲公英，这是怎么回事啊？去年，这里可没有长过蒲公英啊。这株蒲公英是怎么来到这里的呢？

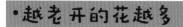

• 越老开的花越多

蒲公英是一种多年生植物，而且蒲公英的生长"岁数"越大，它开的花、结的果就越多。

• 会出"奶"的草

如果不小心把蒲公英的茎拔断了，蒲公英就会流出白白的像牛奶一样的汁液。是不是很神奇？这是因为在蒲公英的根上分布着许多乳汁管，当乳汁管被弄断的时候，里面的乳汁就会流出来。

75

冬天也不会枯萎的草

　　蒲公英是没有茎的植物，叶子会直接从根部长出来，贴着地面生长。我们把这种叶子叫作"**莲座丛**"。由于蒲公英的叶子是莲座型的，所以冬天也不会冻死。蒲公英的叶子朝**四面八方**生长着，而且紧贴着地面，这样就能抵御冬季的寒风，还可以充分地享受阳光。

　　蒲公英就这样平安地度过了冬天。到了四五月的时候，它会长出很长的花轴，开出黄色的花。蒲公英的花有一个很大的秘密，它看起来像一朵花，事实上却是由许许多多的小

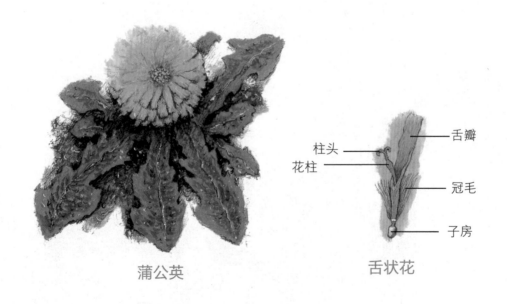

蒲公英　　　　　　　　　　　　舌状花

舌瓣
柱头
花柱
冠毛
子房

76

花组成的。

蒲公英的黄色花瓣实际上是一朵朵小花，而且每一朵小花都有雌蕊、雄蕊和花瓣。

像蒲公英这样，由许多无柄小花密集地生于花序轴的顶部，并聚成头状的植物叫作"**头状花序**"。菊花、向日葵和金盏花等都属于头状花序。那么，一个蒲公英的头状花序到底是由多少朵小花组成的呢？

一个蒲公英的头状花序上约有一百多朵小花，一株蒲公英一个春天就能开出数千朵小花。现在，你可以想象出它会结多少种子了吧。

如果这么多的种子落在同一个地方的话，那蒲公英就会拥有一片属于自己的领地了，但是蒲公英的种子成熟之后，会随风飞到很远的地方。

为种子装上冠毛

如果在同一个地方，一种植物的数量过多就会影响到植物的生长。因为土里的水分和养分是有限的，如果植物数量太多的话，每棵植物分到的水和养分的量就会减少。

蒲公英也是如此。春天的时候，它会开花，结很多种子。如果这些种子都落在同一个地方，有些种子可能就会发不出芽，就算长出来，也不会长得很好。

所以蒲公英妈妈会利用像降落伞一样的冠毛，将成熟的种子送到远方。

当花凋零之后，子房中的种子就慢慢成熟，蒲公英花的萼片会变成白色的毛，这就是带着种子飞翔的冠毛。当种子完全成熟后，一阵微风就能将带着种子的冠毛吹起来。

蒲公英的种子会寻找属于自己的目的地，有的种子落在城市的墙角下或者马路边，仿佛在告诉人们，温暖的春天到来了。

翻山越岭，寻找最好的土地

当蒲公英的种子成熟、微风轻轻吹来的时候，和种子连在一起的冠毛就会带着种子在风中飞舞。有的种子可能会掉进水坑里或者被粘在蜘蛛网上，有的种子可能会掉进江河中，永远都不能生根发芽。即便如此，蒲公英还是会在春天放飞自己的种子，也许生命就是要克服重重困难、努力绽放光彩吧。

昼开夜合现象

为什么蒲公英的花会在夜晚和阴雨天闭合？这种现象并非蒲公英独有，很多植物比如郁金香、合欢花、花生等都有这种现象。这种现象也被称为"植物睡眠"。只要天一黑，有些植物就会睡觉。植物的叶片会睡觉，植物的花也会睡觉。

据科学家推测，植物的睡眠和光线的明暗、温度高低和空气干湿有关。植物之所以要睡眠，有几个原因：1.夜晚比白天冷，夜晚闭合叶子和花朵，可以避免寒冷和霜冻的侵袭。2.闭合可以减少水分的蒸发。

总之，植物睡眠与人和动物睡眠一样，都是一种自我保护本领，是为了自身的更好生存和发展。

将果壳崩裂的水凤仙

风是变色龙

风会帮助不能移动的植物运送种子，是植物的好朋友。枫树、松树和山药给种子"系上"**气囊**，蒲公英和柳树给种子"系上"冠毛，然后让它们随风飘走。

但是，风不是一个可以信赖的朋友，它一会儿吹起来，一会停下来，变化无常。有时，风还会把珍贵的植物种子扔进江河和水坑里。

•指甲花

凤仙花又被称为指甲花。凤仙花色彩绚丽，常常被爱美人士采来染指甲，但是指甲花的功效可不止于此，它还可以抑制引起灰指甲的真菌的生长，在民间会用来治疗灰指甲。

自然界有这样一种植物，它不用依靠风的力量，而是用自己的力量送走自己的种子。生长在河边的凤仙花和水凤仙就是这样的植物。

想让自己的孩子去更远的地方

　　凤仙花的花开在茎部和叶子之间，有人说它长得像凤凰，所以起名叫凤仙花。凤仙花是一种**生命力很顽强**的植物，分布在世界各地。凤仙花喜欢阳光，而且很少有病虫害，所以你会

经常在城市的花坛里见到它。水凤仙与凤仙花正好相反，它非常柔弱。水凤仙主要分布在韩国、日本和中国，喜欢生长在空气好、水质清澈的山谷里的小溪边，或者是阴凉的树丛里。

水凤仙会在八九月开出跟凤仙花差不多的紫色花朵。在天高气爽的秋天，河边的水凤仙就会开花，那是一道非常美丽的风景。水凤仙的花不能像凤仙花一样用来染指甲，但春季的水凤仙幼苗可以食用，夏季的水凤仙根还可以做药材。

水凤仙和凤仙花一样，花的后侧有一个像猪尾巴一样的蜜囊。

水凤仙就是利用这个蜜囊吸引蜜蜂和蚂蚁为自己完成授粉。

授粉成功后，花就会凋落，然后结果，最后形成种子。蒲公英的种子又小又轻，所以很容易被风吹起来，但是水凤仙的种子又大又重，所以很难被风吹走。

那么，水凤仙是

水凤仙

如何播撒种子的呢？

藏在果壳里的科学

> ● "凤仙透骨草" 与 "急性子"
>
> 它们来自于凤仙花，只不过"凤仙透骨草"指凤仙花的茎，而"急性子"指的是种子。这两者都用作药材，但是两者所针对的病症有所不同。

令人吃惊的是，**水凤仙能将种子壳崩裂，然后将种子弹出去**。当种子成熟后，含有种子的果壳会崩裂，种子就像子弹一样被弹出来。

水凤仙的果实就像豆荚一样，呈**扁长状**。果实的外侧长得很快，但是内侧却长得很慢。随着种子的成长，水凤仙的果实就会往里卷。

如果在扁长的气球上，顺着长的方向贴上透明胶，然后吹起来，气球会变成什么样呢？贴着透明胶的地方不容易被吹起来，而没贴透明胶的地方很容易被吹起来，气球就会变得像一根香蕉一样。

水凤仙的果壳也是如此。由于外侧长得很大，而内侧没长多少，所以当种子变大的时候，**体积**也会跟着增大并往里卷。

水凤仙的果实中

> ● 凤仙花在中国的栽培历史
>
> 凤仙花在中国早就开始栽培了。古人还把它写进了书里面，在清代，还有人专门为它写了一本"传记"呢！更令人惊叹的是，凤仙花还进过宫，被赋予了"女儿花"的称号。

间很坚硬，它的作用是防止果壳向里卷。因此，**种子越成熟，向里卷的力和不让往里卷的力都会越来越强。**

当种子完全成熟的时候，果实的壳也慢慢干了。往里卷的力比阻挡它的力大了，果壳就会崩裂，卷起来。这时水凤仙的**种子就会被弹出来**。

小心啊，水凤仙的种子弹出来了！

水凤仙会在9~10月结果，形成种子。在种子成熟的过程中，水凤仙的果实会经受两股力量的相互较量，**一种是向里卷的力，另一种是阻挡它的力。**如果人和动物从水凤仙旁边走过

的时候，轻轻碰了它一下，种子就会立刻崩出来。种子弹出来的速度很快，而且力量也很大。那些被它击中的昆虫甚至会被**打晕**。

飞出来的水凤仙种子

植物传播种子的方法

1. 水力传播。植物的种子通过水流漂流到别处生长。一般是坚硬、不易腐烂、可漂浮在水面上的果实，如椰子随水流漂到岸边，来年就会长出小椰树。靠水力传播的还有莲子、菱角等。

2. 风力传播。有些植物借助风的吹动，让种子移动到别处。一般是有细毛、翅、薄膜和气囊，小且轻的种子，如蒲公英、松树、枫树。

3. 靠动物来传播种子。借助动物让种子传播出去。特点：果实甜美、种子坚硬，不易消化，有钩或刺。比如苍耳、榕树、樱桃等。

4. 弹射传播。到了夏秋季节，有些植物的果实成熟了，果皮干枯扭曲后会裂开将种子弹出。原理是：果皮细胞排列方式不一，随水分散失细胞收缩容易造成果皮扭曲现象，借助这种力量就可以把种子弹射出去。如：大豆、绿豆、豌豆等。

5. 靠人类传播种子。顾名思义，就是人工播种。

让果实爆炸、喷出种子的喷瓜

水分多的喷瓜

我们吃黄瓜的时候咬上一口，会发出**清脆的声音**，嘴里立刻会产生一种非常**清爽的感觉**，这是因为黄瓜中含有大量的水分。欧洲和地中海沿岸有一种有趣的瓜，这种瓜会利用水分**喷射出种子**。它的长度只有普通黄瓜的一半，叫作"喷瓜"。

胖胖的果实中，含有很多可爱的种子

喷瓜一般生长在温暖、阳光充足的地方，是多年生植物。茎部不会朝天生长，而是向地下伸展。叶子是心形的，而且有很多毛，还有一种西瓜的味道。6~8月的时候，它的茎部就会长出15厘米左右长的花轴，开出漏斗状的小黄花，喷瓜的雌花和雄花不长在一朵花上。

86

喷瓜会利用昆虫帮助自己完成授粉。8月的时候，雌花凋落的地方会结出绿色的果实，这种果实的形状与我们平时吃的黄瓜大不一样。

• 是不是该送个刮胡刀给它？

喷瓜几乎全身都长满了毛，茎秆、叶子、花，甚至连果实上也都长满了，让人看着真想给它刮刮"胡须"。

我们平时吃的黄瓜又大又长，而且外皮基本上比较光滑，会有一些小凸起。但是喷瓜的果实却又短又胖，外皮上长满了毛，从远处看，很像猕猴桃。

　　黄瓜中含有大量的**水分**，这些水分是用来保护果实里的种子，在种子成熟之前，为它们提供**养分**。等到种子完全成熟的时候，大部分果实就会干枯。

　　喷瓜中同样也含有很多水分，但是就算喷瓜的种子完全成熟，喷瓜中的水分也不会干涸，甚至会有更多的水分，好像一碰就会爆。喷瓜就是利用这些水分将种子喷出去的。

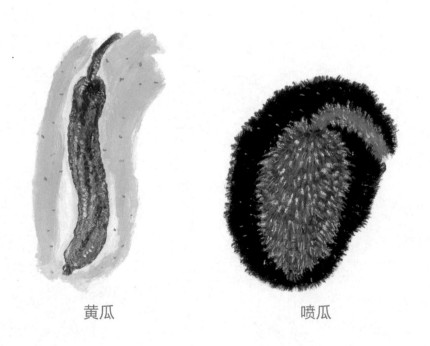

黄瓜　　　　　　　　　　喷瓜

将整个果实喷出去！

如果用水龙头往一个气球中不断地灌水，气球会怎样呢？气球会慢慢变大，最后抵挡不住水的压力，被弹出去，气球中的水也会喷出来。

喷瓜**喷射种子**也是同样的道理。

前面说过，就算喷瓜的种子成熟了，果实中的水分也会非常充足，而且水分还会不断增加。**喷瓜慢慢膨胀，最后果实将无法承受更多的水分，就会像火箭一样喷射出去。**

喷瓜的种子也会在这个时候离开养育自己的妈妈，被喷出去。就像发射火箭的同时也会喷出温度很高的气体一样，喷瓜将果实中的种子和水一起喷出去，被喷出的种子会**飞出3～6米远**，去寻找属于自己的另一片天地，不用再和妈妈争夺水分和养分。

如果误食果实，就会出大事

就算喷瓜的种子成熟了，它的果实也一直充满水分，那口渴的动物会不会吃掉它呢？

•有毒的"黄瓜"

喷瓜虽然长得像黄瓜，但它可不是可以食用的瓜，相反，如果误食了它，你可能就得去医院住上一段时间了。曾经有人因为误食了它，结果中毒了被送往医院去抢救呢！

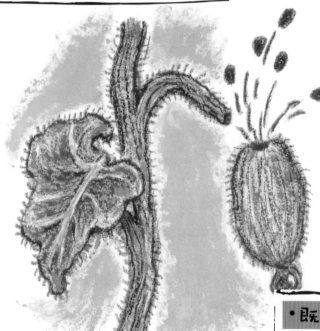

喷出种子的喷瓜

•既是毒药也是良药

喷瓜喷射出来的浆液可以使人中毒，但是，科学家们发现，喷瓜的汁液还是一种不可多得的药材，可以用来制泻药。在地中海沿岸一些国家，喷瓜还是治疗肝病的一种民间药。

•不会随时都"爆炸"

在果实成熟之前，喷瓜的皮囊就像一块牛皮糖一样坚韧，无论怎么捏都不会轻易爆裂。一旦成熟就会"一喷惊人"，所以也不要过分害怕喷瓜。

90

请不要担心，喷瓜的果实中含有一种有毒的物质，会引发腹泻，所以动物们都不敢吃喷瓜。喷瓜的果实不仅能抵御食草动物，还能为种子寻找一片新天地。

喷瓜的雌花和雄花

喷瓜的雌花和雄花会各自开放，虽然它们都是黄色的小花，但是雄花会聚集在一起开放，而雌花只会单独开放。

雌花　　　雄花

各种各样的花

　　植物中有很多像喷瓜一样，雌蕊和雄蕊不在一朵花上，我们把这种植物叫作"雌雄异花"植物或者"单性花"植物。雌雄异花的植物分为两种，像南瓜和喷瓜这样的植物会在一棵上开出雌花和雄花，而像菠菜和银杏树这样的植物会在两棵上分别开出雌花和雄花。在雌雄异花的植物中，南瓜和喷瓜属于雌雄同体，而菠菜和银杏树则属于雌雄异体。

－－－ 雌花 －－－

－－－ 雄花 －－－

南瓜花

与雌雄异花植物相反，雌蕊和雄蕊同在一朵花里的植物叫"雌雄同花"植物或者"两性花"植物。两性花是指在一朵花内同时具有雌蕊和雄蕊，所以也叫雌雄同熟花。像玫瑰、百合这些能在花店里经常看到的花，都是雌雄同花植物。

为什么会有雌雄同花、雌雄异花、雌雄异体这样的植物呢？

在植物的体内，花的作用就是结种子。为了让自己的种子更健康，许多植物用各种方法防止自花授粉。雌雄同花、雌雄异花和雌雄异体的植物都是在防止自花授粉的过程中慢慢形成的。雌雄同花的植物拥有了防止自花授粉的方法，所以雌蕊和雄蕊会在同一朵花上。而有些植物则会利用雌雄异花、雌雄异体的方法改变花的位置，强制性地防止自花授粉。

雌花

雄花

银杏树

将种子扔到海里的椰子树

用途多多的椰子树

在热带地区的海边，经常会看到一些个子高高的树。树干很长，树的顶端有很多大叶子。这种树就是椰子树。

椰子树的**用途很广泛**。它的叶子可以作为屋顶、帽子和垫子的原材料；树干可以用于各种建筑材料；果壳里的纤维可以制成线，制作麻绳、坐垫和篮子等；椰汁又是**美味可口**的饮料；花柄被砍断的时候，流出的椰树汁可以制糖、酒和醋等。

• 餐桌上的椰子

说起椰子，即使不加工，它也深得人们喜爱。香甜可口的椰汁，软中带韧耐嚼的椰肉想想就让人咽口水。除了椰汁和椰肉，我们的餐桌上还渐渐出现了椰油。椰子不仅味美，而且营养丰富，所以深得大家喜爱。

你知道吗？这么重要的植物，在很久以前只生活在马来群岛上。热带地区的海边为什么都会有椰子树呢？

· 喜欢生活在潮湿、炎热的地方

椰子在高温、多雨、阳光充足和海风吹拂的条件下才能够很好地生长发育。如果硬要把它种在寒冷、干燥的北方，那它可能没过几天就死了。

可以浮在水面上的巨大果实

椰子树是棕榈科植物，可以生长在热带海边的任何环境里。长成的椰子树约25米高，没有树枝，在树的顶端有很多像羽毛一样的叶子。

椰子树的叶柄处会开出雌花和雄花，花通过风完成授粉，然后结出圆形或者椭圆形的果实，我们把这种果实叫作椰子。刚结出的椰子是绿色的，等成熟之后就变成了褐色，然后掉在地上。椰子的体积很大，椭圆形椰子的长度会达到35～40厘米，短直径可达15～20厘米。

•椰子的3个孔

当你剥开椰子的外皮，你会发现椰子的"头顶"上有3个小孔。难道椰子也像我们一样有鼻子和嘴巴吗？其实这3个孔中，只有1个孔是真孔。我们都知道椰子壳又硬又厚，如果不留个孔的话，发芽时里面的幼芽就很难钻出来了。

令人吃惊的是，**这种巨大的果实居然能漂浮在水面上**。涨潮的时候，它就会被海水卷进大海里，然后漂到很远的地方。椰子树可以遍布世界热带海边的秘诀就在这里。

椰子拥有丰富的营养成分，可以阻挡盐水的进入

椰子树为了让自己的下一代生长在更**广阔的**环境里，就把种子丢进了大海。当然，椰子树也为它做好了一切旅行准备。

其中，最重要的就是既大又能漂在水面上的果实。正因为有了这种果实，椰子树的种子才能长时间地漂浮在水面上，而不会被盐水浸泡。

在海上漂浮一段时间后，它会被冲到岸上。如果土质合适，就在那里**生根发芽**。椰子树的种子发芽所需的养分是从自己的果实里获取的，而不是从土地中。椰子树为自己的种子准备了充分的营养，使种子能在很远

椰子树的果实

的地方健康地生长。我们把这种营养物质叫作"椰子油"。椰子油很有营养，可以制作成饮料和食用油等。

在陌生的海边苏醒的种子

椰子树为自己的种子做了充分的准备，所以种子才能平平安安地到达遥远的彼岸。小椰子树要在陌生的海边开始自己的新生活，也许它偶尔也会感到孤独吧。但是等到开花结果的时候，它就会明白妈妈的 **良苦用心** 了。它终于知道自己为什么要从遥远的地方来到这里，也能体会到妈妈为这次旅行花了多少心思。

在海边寻找淡水的椰子树

生长在陆地上的植物很难生活在咸水里，虽然椰子树生长在海边的沙地里，但是它不会把自己的根生在咸水里。由于淡水比咸水轻，所以淡水会在咸水的上边流动，椰子树的根也随之只生在有淡水的土壤里。

拥有养分的种子

哺乳动物用奶水哺育自己的下一代，小鸟吃妈妈找回来的食物，但是植物不会把种子放在自己身边，而是为它们准备充足的养分，然后把它们送走。

虽然种子的种类、形状、大小和颜色都不同，但根据储藏养分的位置可以大致分为两种：

第一种是含有很多胚乳的种子。例如柿子和玉米。胚乳中有长得像小芽的胚，这个胚成熟后就变成了植物。当种子在一定温度下吸收一些水分时，胚就会通过胚乳吸取养分，然后发芽。所以胚乳是为新芽提供养分的场所。

第二种是由子叶和胚组成的种子。例如大豆和橡子。大豆发芽的时候，种子会分成两半，这时出现的两片叶子就是子叶。子叶也含有大量的养分，它的作用和胚乳是一样的。子叶会为真正的叶子提供养分，等到根和叶子都长成的时候，它就会枯萎凋落。

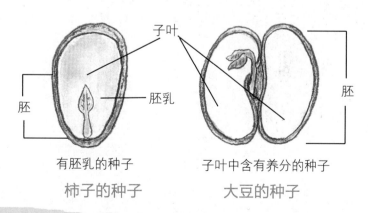

子叶　胚乳　胚

有胚乳的种子　　子叶中含有养分的种子

柿子的种子　　大豆的种子

99

4 动物搬运工

把果实送给动物的草莓

只有被吃掉，才能生存下去

在深山中，鲜红的草莓正散发着**诱人的香气**，就好像要在森林伙伴面前炫耀自己的果实一样。就在这时，一个**庞大的身影**闻着香气走了过来。天哪！是一头大熊！大熊把草莓地周围的栅栏掀翻，开始大口吞食美味可口的草莓，那么多的草莓在眨眼之间就被大熊吃光了。

草莓为什么会结出这么香甜可口的果实，而且还引来了大熊？那是因为草莓的外皮上有很多珍贵的种子，为了下一代，它只能牺牲自己的果实。

> **· 草莓的果实**
>
> 这么多年来，我们一直以为一颗草莓就是一颗真正的果实，其实这是它的花托。我们平时吃到的果实大部分都是由子房发育而来的，但是鲜红可爱的草莓是由它的花托膨大形成的，草莓表面像小芝麻般的颗粒才是其真正的瘦果。

•畸形果能吃吗？

当我们看到畸形的草莓时，很容易以为它是带了"病毒"的果子，所以也不想去吃它。是不是长得丑的草莓就是带病毒的果子呢？其实，畸形草莓只是长得有点儿丑而已，是因为有些种子发育不良所以导致"毁容"，但它并没有毒。

103

爬着生长的草

　　草莓的茎部不是向上生长的，而是从根部长出来的**匍匐茎**，沿着地面生长。这种匍匐茎爬到一定的位置就会长出新的根。就算只有一株草莓，用不了多久周围就全长成草莓了，因为匍匐茎会边长边生根。

　　那么，刚成熟的种子落到草莓地中会怎样呢？

　　土地少而草莓多，幼小的种子落在这样的草莓地里很难生根发芽，就算发芽了也不会长得很好。

　　所以草莓才要结出香甜可口的果实，这种果实会吸引很多动物，**草莓就是通过吃了自己果实的动物们来传播种子的。**

草莓

种子不消化

春天，草莓会开出白色的花，通过昆虫完成授粉。当花凋落之后，它就会结出绿色的果实，然后慢慢变红。生长的时间越久，果实就越红。成熟后的果实是鲜艳的红色，而且很香，看着就让人流口水。

这么诱人的果实肯定会引来很多动物，动物们会将草莓地里的果实一扫而空。可是有趣的事情才刚刚开始。

在草莓地里饱餐一顿的动物们在消化完之后就开始排出粪便，它们的粪便中就有草莓的种子，草莓就是通过这种方法来播撒种子的。

草莓的种子被一层硬壳包裹着，这种壳是由纤维素组成的，不会被动物的消化器官消化。被动物吃进肚子里的种子会随

吃草莓的动物

着动物移动，在动物排便的时候，种子就随着粪便一起排出来。

粪便慢慢融进土里，草莓的种子就这样生根发芽了，而且能从生长的环境中吸收充足的养分。所以，草莓要想让下一代更自由地生活，最好的方法就是为动物们提供美味的果实。

谢谢你们，山中的动物

草莓的种子通过山鸟和野兽的粪便到了很远的地方。然后，在那些混有粪便的土壤里生根发芽。到了4月，地里就会长出草莓的茎。

虽然粪便看起来又脏又恶心，但是它能帮助草莓开辟新的领地。对于草莓来说，粪便可能是最重要的伙伴了。

在粪便的滋养下生长起来的草莓

成熟的果实

在植物中，有很多像草莓一样用提供食物的方法播撒种子的果实，我们通常把这种果实叫作"水果"。如果在水果没有成熟之前就迫不及待地吃掉它，那就会出大事。

种子成熟之前，果实会发苦、有酸味，甚至会有难闻的气味。人或动物吃了之后，很容易拉肚子。种子完全成熟之后，果实才会变得香甜可口。果实会通过改变颜色来告知你它是否已经成熟了。没有成熟的水果一般是绿色的，而成熟的水果会变成鲜艳的红色或者黄色，因为它要用这种艳丽的颜色来吸引动物。

成熟的
水果　　未成熟的
水果

大象帮金合欢播撒种子

只有被吃掉才能生存下去的种子

在辽阔的非洲草原上，长着一棵金合欢。就在这时，远处传来了小号般的叫声，只见一群大象正**卷着尘土**朝这边奔来。大象来到金合欢面前，用鼻子卷起树枝，然后使劲儿地晃动。金合欢的叶子和果实都掉到了地上，就连树枝也被折断了。大象甚至连树干也不放过，它们把树干折断，再吃掉树皮。

•具有祛痘效果

金合欢乐于奉献，它不仅自己长得美，而且也能帮助别人变美。金合欢里存在某些化学成分，使得它具有祛痘的效果，而且据验证，金合欢的祛痘效果不错。

大象为什么要对给自己提供食物的金合欢这么"**残忍**"呢？更奇怪的是，大象这样对待金合欢，金合欢还是很欢迎大象来找自己。这又是为什么呢？

109

大象啊，帮帮我吧

金合欢是生长在非洲和澳大利亚热带草原上的一种树，它与我们常说的洋槐树同属豆科植物。我们常见的洋槐树开的是**一串串**白色的花，而非洲和澳大利亚的金合欢开的是**小球状**的黄色或者白色的花。

在非洲草原地区，一年中有6个月以上是没有雨的干旱时期，所以很少能见到长得很高的树。但是金合欢却能在这样干旱的土地上生长得非常好，它的叶子呈**羽毛状**，还会开花并结出**豆荚状**的果实。

洋槐树

金合欢

在干旱的热带草原上，金合欢的叶子和果实成了饥饿的食草动物们的美味佳肴。其中，

最喜欢金合欢的动物就是在热带草原中寻找水和食物的大象。 大象们一见到金合欢，不仅会将叶子、果实和树枝吃得一干二净，甚至还将金合欢连根拔起并吃掉它的树皮。

大象是金合欢不可缺少的 **重要朋友**，如果没有大象，金合欢就不能传播种子了。

我来帮你驱赶虫子

金合欢的种子成熟之后，就会随着豆荚掉到地上，然后甲虫会爬到它的豆荚里产卵。当甲虫的卵变成幼虫的时候，它就会吃掉金合欢的种子。这样的话，金合欢 **辛辛苦苦** 培育的种子就没有了。

虽然大象也吃金合欢的果实，但是大象会带给金合欢一丝希

111

● 与根瘤菌的深情厚谊

金合欢实际上和我们平时吃的黄豆同属豆科。它们的根部都会长出一个个的根瘤，那一个个的根瘤里面就住着根瘤菌，金合欢给根瘤菌提供营养，而根瘤菌给金合欢提供氮肥。

望。大象奔走在热带草原上，每当看到金合欢的时候，就会**不顾一切**地朝它们走来，然后用鼻子将树枝折断，摘叶子和果实吃。大象一次吃的量很大，但它不会仔细咀嚼叶子和果实，只是大概咬一下就吞到肚子里。

就这样，金合欢的种子通过大象的嘴进入它的消化系统中，种子外面的豆荚部分会被消化吸收，但是被纤维素包裹的种子不会被消化掉，它会随着粪便排出大象体外。当种子跟着粪便出来后，虫子们也就不会靠近它了。**虫子们在豆荚中产的卵也会被大象的消化系统消化掉。**

金合欢的种子

大象不仅帮助金合欢播撒种子，还帮它赶走种子上的害虫；而大象的粪便既保护了金合欢的种子，又为种子的生长提供了充足的养分。不得不说，大象真是帮了金合欢的大忙。

讨厌不起来的朋友

大象在吃叶子和果实的时候经常会折断树枝和树干，这件事令金合欢很不满。但是金合欢又不能去恨这位朋友，因为大象会帮助金合欢播撒种子。当然，大象永远也不会知道金合欢的矛盾和痛苦，而是继续享用金合欢。

耐旱的金合欢

韩国的年平均降雨量是 1000～1850 多毫米，但是非洲热带草原的年平均降雨量只有 400 毫米左右，是非常干旱的地区。能生活在这种地区的植物很少，而金合欢就是其中的一种。就算连续 11 个月不下雨，金合欢也不会枯死。金合欢为草原上的动物们提供了树荫，还为口渴的动物们准备了叶子和果实。

• 红松树王

在中国黑龙江省伊春市五营区的丰林自然保护区，小兴安岭中部阳坡红松林带核心部位的"红松故乡"，生长着一棵"红松树王"，它有约760年的树龄了，可谓是"百岁老人"了。

114

松鼠把红松的果实藏起来了

放在哪儿了呢？

一个寒冷的冬天，深山中一棵大红松树下有一只松鼠正在挖冻得非常坚硬的土地。这是为什么呢？**原来松鼠在秋天的时候把松果埋在地底下了**。松鼠在这儿挖了一会儿，向四周看看，然后再到别处挖一会儿，又向四周看看。它可能是忘记了自己藏松果的地方吧。

果然**不出所料**，松鼠挖了半天什么也没有挖到。哎哟，可怜的松鼠，这么冷的天，要到哪里才能找到吃的呢？

就在松鼠难过的时候，有一种树正高兴呢。它就是红松。

营养美味的松子

　　红松是一种生长在中国东北地区、韩国和日本山地地区的树。叶子的形状与松树叶子相似，都是针状的，而且每一束针叶长有五针。**红松的雄花和雌花长在同一棵树上，利用风来传递花粉，然后结出果实。**

　　红松的果实是松子。松子的形状是米粒状的，而且会长在一起。我们把长在一起的松子叫作松塔或松果，松果的成熟过程**很漫长**。第一年秋天，松果只会长到手指头那么大，要等到第二年秋天才完全成熟，然后坚硬的松果会裂开，松子就出来了。

　　松子不仅很好吃，而且营养也很丰富。不仅人们喜欢吃松子，就连山里的动物们也把松子当作可口的食物。尤其是松鼠，它们更是酷爱松子。

　　松鼠主要生活在中国、韩国、日本、西伯利亚、欧洲和蒙古等地。松鼠喜欢吃橡子、栗子、核桃仁和松子等树木的果实，其中最喜欢的就是松子。到了秋天，松鼠一整天都

松果（红松的果实）

不会闲着，在红松上爬上爬下。

也正是因为有了松鼠，红松才能更好地 **"传宗接代"** 。这些吃红松种子的小动物，也是帮助红松传播种子的好朋友。这到底是怎么回事呢？

我要储存起来，慢慢吃

秋天的时候，如果你观察松鼠摘松果的过程，会发现一个令人吃惊的现象。虽然松鼠非常喜欢吃松子，但是它不会看见松子就把它吃掉，而是剥开松果吃掉一部分松子，然后把剩下的松果藏在 **隐蔽** 的地方。这些地方很少有人或动物经过。松鼠不会 **冬眠**，为了在很难找到食物的冬天不挨饿，它们就要储存一部分松果留到冬天吃。

但是这种细心的动物有很严重的 **健忘症**，松鼠辛辛苦苦地把松果藏起来，却很容易忘记埋藏的地方。通常只能找到一半自己藏的松果。

这个毛病倒无意中帮了红松的大忙。**松鼠把松果藏得到处都是，它找不到的松果就会生根发芽，长出新的小红松。**

• 因木材颜色而得名

可能刚听到红松这个名字时，会以为红松满树通红。事实上，红松的叶子并不是红色的，而且即使到了冬天，它的叶子也不会枯萎掉落。那红松这个名字是从何而来的呢？红松的木材中间呈黄褐色并且带点淡红色，红松就是因此而得名的。

松鼠

• 偷松子的"小偷"

可能是因为红松的松子太有营养、太美味了，所以受到众多动物的喜爱。其中有一种名叫普通鸭 (shī) 的鸟很喜欢吃松子，而且它们也有储藏松子的癖好，但是由于嘴太短了，要取出深深地镶嵌在种鳞里的松子实在太难了，所以它们只能去偷别人掏出来的松子。其中松鼠就是受害者之一。

• 被大肆砍伐的宝树

红松的全身都是宝，木材品质优良，果实可入药，也是营养丰富的坚果，深受大家喜爱。但是红松的这些价值却给它的生存带来了极大挑战，红松成为人类发财致富的"猎物"，被大肆砍伐，生长面积急剧减少。红松是大自然送给我们的宝贝，我们应该好好保护它才是。

被风吹起的松果

　　植物形成并播撒种子是为了传宗接代，这件事对于植物来说非常重要。但是红松不会把繁衍生命这么重要的事情完全交给松鼠。

　　红松能达到20～30米，是一种非常高大的树。它的果实长在最高处。第二年的时候，松子成熟了，松果就会裂开。当高处的树枝随风晃动的时候，果实就会随风散落到四面八方。红松的种子会在属于自己的地方生根发芽，开拓一片新天地。

"小吃货"松鼠

　　松鼠70%～80%的时间都用于觅食活动，它们喜欢在针叶林中觅食和贮食。在秋季，松鼠常常将坚果分散贮藏于地下。

　　它们除了吃坚果外，偶尔也会吃昆虫和其他小动物。在食物不充足时，比如，在春季会吃嫩嫩的树芽，在夏季会吃蘑菇和浆果。松鼠的嗅觉极为发达，它能准确无误地辨别松子果仁的空实。即使没有咬开果壳，松鼠一嗅就知道哪些是有果仁的，哪些是没有果仁的。

山雀帮助槲寄生播撒种子

寄生在树枝上的植物

冬天，树木都 **光 秃 秃** 的，但是偶尔会在树枝上看到一抹绿色，这些绿色的植物就是槲（hú）寄生。槲寄生一般 **寄 生** 在高大的栗子树、赤杨、大叶栎、朴树和榉树等树木的树枝上。

那么，槲寄生是怎样在那么高的树枝上生根发芽的呢？

由于根部不发达，所以要寄生在其他植物上

槲寄生一年四季都是绿色的，是常绿植物，会寄生在大栗树、赤杨和朴树等树木的高枝上。冬天的时候，槲寄生的叶子和枝干也是绿色的，所以很显眼。

大部分的植物是靠根部吸取水分和无机物，通过叶子的光合作用来制造所需的养分。榭寄生一年四季都是绿色的，可以通过光合作用为自己提供养分。但是它不能用根部吸取土壤中的水分和无机物，只能用它们的寄生根从大栗树、色赤杨和朴树的树枝里吸取水分和无机物。

榭寄生不能从土壤中吸收水分，所以如果离开寄生的树木，它就会马上枯死。那么，榭寄生的种子如何寻找孕育种子的树木呢？

黏糊糊的果实

晚秋的时候，树叶都掉光了。这时，榭寄生的果实也成熟了。

榭寄生果实的果肉很多，所以喜鹊、斑鸠和山雀等都很喜欢它。

但是这种又大又好吃的果实有一个令人讨厌的地方就是果肉非常黏，如果

榭寄生

小鸟用嘴咬的话，种子就会粘到嘴上，小鸟们只好用嘴去蹭树枝才能把种子弄掉。

有经验的山雀还有其他的方法对付黏糊糊的果肉。它们会把槲寄生的果实叼到树杈之间，然后用嘴去吸果实里的汁。**槲寄生就是通过这些山雀在树枝上生根发芽的。**

还有一些鸟会把槲寄生的整颗果实吞进肚子里，这些鸟也会为槲寄生传播种子。槲寄生的**果实很黏**，而且槲寄生的种子还被植物纤维包裹着，所以鸟儿很难消化它。这些种子会随着鸟儿的粪便被排出体外，就连粪便也是黏黏的。

小鸟喜欢蹲在树枝上排便，这些黏黏的粪便就像胶水一样黏附在树枝上，再大的风也吹不掉。

就因为这样，槲寄生的种子才会牢牢地粘在树枝上。到了春天，它把寄生根伸进树里，然后开始自己的

新生活。

槲寄生的果实真是别有用心啊!

槲寄生真的是一种非常聪明的植物,虽然不能像其他树木那样在土壤里生根发芽,但它还是找到了生存的方法。为了"传宗接代",它会用黏糊糊的果实吸引小鸟。

但是在小鸟们的眼中,它该是多么麻烦的植物啊!吃了槲寄生果实的小鸟,在排便的时候要**用屁股去蹭树枝**,这样才能把粘在屁股上的讨厌粪便弄掉。谁会想到那么诱人的果实,居然那么黏啊!

• 自养植物和寄生植物

绝大多数绿色植物,不管大树还是小草,它们都会从土壤中吸收水分和无机物,从空气中吸收二氧化碳,从阳光中获得能量,然后通过光合作用生成营养物质,它们无须人类或其他生物供养,所以被称为"自养植物"。而寄生植物无法独立养活自己,它们需要其他植物(即寄主)的完全供养或部分供养才能生存。

有槲寄生生长的树木会怎样呢？

　　我们把有像槲寄生这样的寄生植物生长的树叫作"寄主植物"。当槲寄生把寄生根伸进寄主植物的树枝中时，水分和养分就会被槲寄生抢走，寄主植物就会变得很虚弱，很容易被风吹断，也有可能枯死。

将种子粘在动物身上的山蚂蝗

啊，好疼啊！

秋天的时候，当你走在山路上，背、胳膊和腿上可能会被一些小东西刺到。仔细一看，原来身上沾满了带刺的果实，山蚂蝗就是这些果实中的一种。这种植物怎么也不经过别人的允许，就沾到人家身上啊？

我的荚果为什么不裂开呢？

山蚂蝗是多年生豆科植物，可以生活在山坡上和田野间等任何地方。高度可达1米左右，七八月会开出淡粉色的花。花谢之后结出荚果，通常为两节。山蚂蝗的种子就在这个荚果里，每一节都有

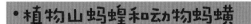

·植物山蚂蝗和动物蚂蟥

不仅植物界有山蚂蝗，动物界也有蚂
蟥。在植物界，山蚂蝗算是一种厉害
的角色了，它为了繁衍后代，会用钩
子钩住动物的皮毛。而动物界的蚂蟥
也不是什么善类，甚至让人望而生
畏，它可以吸食人血，甚至可以置人
于死地。

一颗。

大部分的豆科植物都会结豆荚状的果实，而且豆荚裂开的时候种子就会掉出来。但是山蚂蝗的果实就算成熟了，荚果也不会裂开。山蚂蝗会用更有趣的方法去传播种子。

山蚂蝗荚果的顶部有一个很尖的钩，它们就是利用这个钩子来播撒种子的。当人或者带毛的动物经过它们身边的时候，它们就用这个钩子将荚果挂在人的衣服和动物的毛皮上。

好了，现在放我下来吧!

山蚂蝗

山蚂蝗的荚果粘在人和动物身上的时候，刚开始并不会让对方有感觉，所以人和动物会一直往前走。这样一来，山蚂蝗的种子就会离山蚂蝗妈妈越来越远。也就是说，种子不会跟妈妈抢水分、阳光和养分，而是去寻找属于自己的天地。

山蚂蝗的种子结束旅程的方法也很独特。

•特立独行的"豆子"

看着山蚂蟥那带钩的果实，真是难以想象它和我们平时吃的豆子竟然同属于豆科大家族。它的根上也长着可以给它供氮的根瘤菌。

•家畜的美味口粮

山蚂蟥叶子上长着细细的绒毛，连果实都带着那烦人的小钩，真的是难以想象这要如何下口。但是山蚂蟥可是牛、羊等反刍动物的心头之好。别看山蚂蟥的外形让人看了没食欲，可是它营养价值很高。

•植物界的"战斗高手"

山蚂蟥在繁衍上的智慧让人佩服，它善于借助外力来替自己传播种子，扩充领地。山蚂蟥不仅在种子传播上表现精明，它更是以超强的战斗力在植物界占领一席之地。山蚂蟥的生长能力很强，具有多种抗性、适应性强、侵占能力强和草产量较高等多种优点，甚至能与恶性杂草竞争。

129

山蚂蝗的荚果有一项非常重要的任务，那就是传播种子。荚果会紧紧地粘在人的衣服和动物的毛皮上，只有用手摘除才能弄掉。没有及时摘除的荚果会慢慢进入人的衣服和动物的毛皮里，越陷越深。过了一段时间后，人和动物就会**感到刺痛**。

这时，他们才发现自己的身上粘上了东西，然后才想办法把这讨厌的东西弄掉。人会脱下衣服，用手把山蚂蝗的荚果摘掉；动物会用舌头舔，或者用身体去蹭树干。

就这样，山蚂蝗的种子结束了自己的旅行，安全地来到了新的地方。运气好的话，荚果的皮也会被剥掉。

用处多多的草

走山路时，人们都很讨厌这些粘在身上的山蚂蝗荚果。它还有一个别名，叫"**逢人打**"。由此可见，山蚂蝗是多么讨人厌了，但是它的用途却很多。山蚂蝗可以作为家畜的饲料，而且还能制药。制成的药可以祛风活络、解毒消肿，用于治疗跌打损伤、风湿性关节炎和腰痛。

利用粘人果实发明出来的尼龙搭扣

    1941 年，瑞士发明家乔治带着狗外出散步。回到家时，他发现自己裤腿上和狗身上都沾满了一种类似苍耳的草籽。摘下这些草籽的时候，乔治发现这种草籽浑身都是钩状的小刺。他想："如果利用草籽的这种特性，制作一种能代替拉链和扣子的东西，会怎么样呢？"从此，人们的生活中多了一个好帮手——乔治发明的尼龙搭扣。尼龙搭扣被广泛地使用在衣服和鞋上，给我们的生活带来了很多便利。

尼龙搭扣

各种各样的寄生植物

我们把不能自己生存，需要依靠其他植物生长的植物叫作"寄生植物"，把为这些寄生植物提供生长场所的植物叫作"寄主植物"。

根据寄生方式的不同，我们把寄生植物分为两种。

第一种是像槲寄生一样，虽然吸取着寄主植物的营养成分，但自己也有叶绿素，可以进行光合作用。我们把这种寄生植物叫作半寄生植物，这种半寄生植物除了槲寄生之外，还有檀香、山罗花等。

第二种是像野菰一样，不能进行光合作用，而是完全依赖寄主植物生长的寄生植物。我们把这种寄生植物叫作全寄生植物。除了野菰之外，全寄生植物还有水晶兰、菟丝子等。

寄生植物会从寄主植物身上吸取所需的养分，所以寄生植物太多的话，会影响寄主植物的生长。但是，有些寄生植物是从快要枯萎或已经腐烂的植物身上吸取养分，所以不会影响寄主植物的生长，比如水晶兰。

菟丝子 菟丝子找到寄主后就会丢弃原来的根，然后把新的根伸进寄生植物的枝干中，吸取水分和养分。

水晶兰 水晶兰通过分解已经腐烂或者快要枯萎的植物吸取其中的养分。

用毒素保护种子的欧洲红豆杉

果实可口的原因是什么?

熟透的红苹果、粉红色的桃子、金黄色的橘子,这些水果不仅好吃,颜色也很好看。这些果实的颜色如此鲜艳就是为了吸引更多的动物。等动物把果实吃了,再帮自己播种繁殖。果实里的种子被一层坚硬的物质包裹着,所以很难被动物消化,最后会被排出体外。

植物为动物提供食物,动物反过来又帮助植物播撒种子,它们就是这样互相帮助生存下去的。但是有一种植物的果实有毒,这种植物就是欧洲红豆杉。

•珍稀抗癌植物

红豆杉又名紫杉,红豆杉的树皮中含有一种可以治疗癌症的成分,这种成分具有广谱、高效、低毒的特性,被命名为"紫杉醇"。

有毒的种子

　　欧洲红豆杉分布在欧洲和亚洲地区，高度在10～30米不等，红色的树干上长有很多向下弯曲的树枝，而且叶子一年四季都是绿色的。

•长寿树

红豆杉又被称为"长寿树""吉祥树"。它具有驱蚊防虫作用，抗病虫能力强，无须用农药也能健康生长，生机蓬勃。它的树龄可高达5000年以上，被称为"长寿树"。

•不同颜色的"果实"

大多数红豆杉的"果实"都是鲜艳的红色，但是也有一部分红豆杉的"果实"是其他颜色的。比如，科学家们近年来发现了"黄果"和"橙果"红豆杉，都是非常珍贵的物种。

欧洲红豆杉

•植物中的"活化石"

红豆杉是一种非常古老的植物，它已经在地球上生存了上百万年，是植物中的"活化石"。但是随着红豆杉价值的开发，红豆杉的数量日益减少，后来国家便将其列为国家一级保护濒危野生植物，是植物界的"大熊猫"。

•红豆杉的"果实"不是真正的果实

红豆杉其实并没有果实，因为红豆杉是裸子植物。我们平时所看到的"果实"实际上是穿着衣服的种子，外面的衣服就是种皮。只不过红豆杉的种皮比较特殊，比较厚，颜色也很鲜艳，所以看上去就是我们平时看到的果实。

136

欧洲红豆杉是雌雄异株植物。3月的时候，雄花的花粉就会随风飘落在雌花上，完成授粉，最后长出果实和种子。欧洲红豆杉的果实是诱人的红色，果汁也很丰富，看起来很好吃。但是如果小动物在吃红豆杉果实的时候，不小心咬到了它的种子，可能会丢掉性命。

欧洲红豆杉和苹果树、桃树一样，都是靠诱人的果实吸引动物，再让动物帮自己播撒种子的。但是有些动物不仅吃果实，而且还会把里面的种子咬碎吃掉。欧洲红豆杉的种子之所以有毒，就是为了防止动物把它吃掉。

新的问题又产生了，如果没有动物敢吃红豆杉的果实，种子就会落在它妈妈的身边。那样的话，在大红豆杉的遮挡下，小红豆杉就接收不到充足的阳光，也不能吸收到充足的养分了。

不要担心，我来帮你播种

很多小型哺乳动物吃了欧洲红豆杉的果实之后，很可能会中毒，严重的话甚至可能导致死亡。但不是所有动物吃了欧洲红豆杉的种子之后都会中毒，小鸟吃了之后就什么事都没有。因为小鸟与哺乳动物不同，它没有牙齿，不会把种子咬碎，而是把整颗果实吞进肚子里。

欧洲红豆杉的果实被小鸟吃进肚子里之后，**进入到消化系统**，果肉会被小鸟消化掉，但是被纤维素包裹的种子却不会被消化掉，它们会随着小鸟的粪便排出体外。

欧洲红豆杉的种子就是这样被带到远方的。小鸟的粪便会成为种子成长的养料，种子就这样离开了妈妈，到很远的地方**茁壮成长**。

红豆杉妈妈的良苦用心

植物不会说话，所以我们很难了解它们的难处。植物为了结种子，需要很多能量，是非常辛苦的一件事情。植物妈妈之所以想方设法地把种子传播到远方去，都是为了让自己的种子在更好的环境里生长，所以它们给自己的种子提供最好的传播条件，希望种子可以生长得更好。

欧洲红豆杉为了保护自己的种子，会把毒液"放进"种子里。这样一来，危险的哺乳动物就不会靠近它了。同时，它又为小鸟准备了可口的果实，让小鸟帮助它播撒种子。欧洲红豆杉真是聪明的植物啊！

一株变多株

欧洲红豆杉的树枝通常会向旁边或者向下弯曲生长。其中，靠近地面的一些树枝就会生根，然后长出新的枝叶，所以欧洲红豆杉会从一株变成很多株。

种子的旅行

　　别看植物不会运动，它们却可以旅行。大部分的植物会在种子阶段去旅行，因为那个时候又小又轻。如果种子落在植物妈妈身边的话，水分、养分和阳光的供给都会不足，既影响自己的生长，又影响妈妈的繁殖。为了避免这种情况，植物妈妈会把种子传播到很远的地方。

　　植物在播撒种子时，最常用到的方法就是利用风。蒲公英、枫树、悬铃木、紫芒等许多植物都是靠风来传播种子的。这种植物的种子又小又轻，而且还带有利于飞行的毛、翅膀和气囊等。

　　有些植物是利用水来传播种子的。像椰子树和睡莲这样生活在水里或者水边的植物，通常都会用这种方法。这

蒲公英的种子

枫树的种子

140

些植物会结出一种能长时间漂浮在水面上的果实，利用水来传播种子。

山蚂蝗、鬼针草、苍耳等植物会把种子粘在动物身上，然后利用动物播撒种子。当然，这些植物为了能粘在动物身上，种子上一般会长刺或者有钩状的毛。

大豆、红豆、凤仙花、芝麻、喇叭花等植物都是让果实开裂来播撒种子。种子成熟之后，果皮裂开了，种子就会被弹出去。

像结出草莓、苹果、西瓜、葡萄等美味果实的植物，都会将果实免费提供给动物们，让动物帮助自己播撒种子。

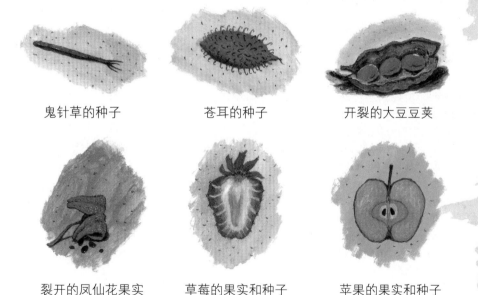

鬼针草的种子   苍耳的种子   开裂的大豆豆荚

裂开的凤仙花果实   草莓的果实和种子   苹果的果实和种子

图书在版编目（CIP）数据

玩喷射的植物妈妈在干什么？ ／（韩）阳光和樵夫著；
（韩）金荣璋绘；千太阳译. —— 北京：中国妇女出版社，
2021.1
（让孩子看了就停不下来的自然探秘）
ISBN 978-7-5127-1930-9

Ⅰ.①玩… Ⅱ.①阳… ②金… ③千… Ⅲ.①植物–
儿童读物 Ⅳ.①Q94-49

中国版本图书馆CIP数据核字（2020）第195160号

著作权合同登记号 图字：01-2020-6793

玩喷射的植物妈妈在干什么？

作　　者：〔韩〕阳光和樵夫　著　　〔韩〕金荣璋　绘
译　　者：千太阳
特约撰稿：陈莉莉
责任编辑：赵　曼
封面设计：尚世视觉
责任印制：王卫东
出版发行：中国妇女出版社
地　　址：北京市东城区史家胡同甲24号　　　邮政编码：100010
电　　话：（010）65133160（发行部）　　　65133161（邮购）
网　　址：www.womenbooks.cn
法律顾问：北京市道可特律师事务所
经　　销：各地新华书店
印　　刷：天津翔远印刷有限公司
开　　本：185×235　1/12
印　　张：12.5
字　　数：110千字
版　　次：2021年1月第1版
印　　次：2021年1月第1次
书　　号：ISBN 978-7-5127-1930-9
定　　价：49.80元